U0349092

农业主要外来入侵植物图谱
（第一辑）

◎ 付卫东　张国良　等 著

中国农业科学技术出版社

图书在版编目（CIP）数据

农业主要外来入侵植物图谱.第一辑/付卫东等著.—北京：中国农业科学技术出版社，2021.6（2021.12重印）

ISBN 978-7-5116-5312-3

Ⅰ.①农… Ⅱ.①付… Ⅲ.①作物—外来入侵植物—中国—图谱 Ⅳ.①S45-64

中国版本图书馆 CIP 数据核字（2021）第 086693 号

责任编辑	崔改泵　马维玲
责任校对	马广洋
责任印制	姜义伟　王思文

出 版 者	中国农业科学技术出版社
	北京市中关村南大街 12 号　邮编：100081
电　　话	（010）82109194（编辑室）（010）82109702（发行部）
	（010）82109702（读者服务部）
传　　真	（010）82109194
网　　址	http://www.castp.cn
经 销 者	各地新华书店
印 刷 者	北京尚唐印刷包装有限公司
开　　本	880mm×1 230mm　1/64
印　　张	4.875
字　　数	150 千字
版　　次	2021 年 6 月第 1 版　2021 年 12 月第 2 次印刷
定　　价	98.00 元

内 容 提 要

　　《农业主要外来入侵植物图谱》第一辑，包括农业部（现农业农村部）2013年颁布的52种《国家重点管理外来入侵物种（第一批）》中21种入侵植物，以及近年来危害我国农业生产和自然生态环境较为严重、同时也是公众最为关注的外来入侵植物29种。

　　本书中50种外来入侵植物包括菊科24种、禾本科6种、苋科4种、茄科2种、豆科4种以及其他10种。每个物种基本按照植物全生育期形态特征排列。以入侵植物的全株、根、茎、叶、花、果实、种子以及群落照片为主，辅以文字描述。为了便于使用者在野外调查工作时进行物种之间的鉴别，将主要入侵植物的近似种，按照相似的生长环境、形态特征、花期和果期列出，尽量把它们放在一起描述。最后重点注明容易混淆的植物特征。

本书中照片来自著者及其团队成员多年野外调研拍摄资料。由于掌握资料有限，形态描述和物种之间的比较，难免存在不足和疏漏之处，恳请广大使用者指正、反馈，便于修正后续分辑。

本书在撰写过程中得到农业农村部科技教育司、农业农村部农业生态与资源保护总站等单位的大力支持，在此表示衷心感谢！

本书由农作物病虫害鼠害疫情监测与防治 2020—2021 政府采购项目资助出版。

著　者

2021 年 1 月

《农业主要外来入侵植物图谱》
（第一辑）
著 者 名 单

付卫东　　张国良　　王忠辉

宋　振　　郓玲玲　　王　伊

前　　言

　　外来入侵物种防控是维护国家安全的重要内容，是与全球气候变化并列的两大全球性问题。我国外来物种入侵形势严峻，目前已初步确认外来入侵植物 500 多种，已经对我国农业生产与生态环境造成了巨大破坏，不但威胁生物多样性还严重威胁人类健康，并且造成极大的经济损失。由于外来入侵植物的空间分布、扩散途径及危害程度等相关基础信息严重匮乏，对其科学有效预防与控制成为难点。掌握第一手资料，做好本底调查，明确每一个外来入侵植物的入侵途径、扩散传播、危害程度等，是科学预防与控制外来入侵植物的基础。

　　《农业主要外来入侵植物图谱》系列丛书，是一套口袋书形式的实用工具书，方便携带，可为基层农业技术人员快速识别田间入侵植物、开展调查工作提供基础支撑。本书使用的所有照片，均来自著者及其团队成员野外调研拍摄，由于掌握文献资料有限，难免有不足之处，恳请读者和使用者提出宝贵意见并指正。

著　者
2021 年 1 月

目　录

1 紫茎泽兰

【学名】紫茎泽兰 *Ageratina adenophora*（Spreng.）R. M. King & H. Rob. 隶属菊科 Asteraceae 紫茎泽兰属 *Ageratina*。

【别名】解放草、马鹿草、破坏草、黑头草、大泽兰。

【起源】原产于墨西哥，自 19 世纪作为观赏植物在世界各地引种后，因其繁殖力强，已成为全球性的入侵物种。

【分布】主要分布于中国、美国、澳大利亚和新西兰等国，是重要的检疫性有害生物，2013 年被列入《国家重点管理外来入侵物种名录（第一批）》。

【入侵时间】紫茎泽兰于 1935 年在云南南部发现。

【入侵生境】常入侵农田、草地、经济林地、荒山、沟边、路边、屋顶、岩石缝或砂砾堆等生境。

【形态特征】紫茎泽兰是多年丛生型半灌木草本植物，株高 30 ～ 200 cm（图 1.1，图 1.2）。

图 1.1　紫茎泽兰幼苗（付卫东　摄）

图 1.2　紫茎泽兰植株（张国良　摄）

根 根粗壮、发达、横生（图 1.3）。

图 1.3　紫茎泽兰根（付卫东　摄）

1 紫茎泽兰

茎直立、丛生，暗紫色，分枝对生，斜上，被白色或锈色短柔毛（图 1.4）。

图 1.4 紫茎泽兰茎（付卫东 摄）

叶 对生，叶片卵状三角形或卵状菱形，两面被稀疏短柔毛，基部平截或稍心形，顶端急尖，基出 3 脉，边缘具粗锯齿，叶柄长 4 ～ 5 cm（图 1.5）。

图 1.5　紫茎泽兰叶（付卫东 摄）

1 紫茎泽兰

花 头状花序直径达 6 mm，在枝端排成伞房状。总苞宽钟形，含 40 ~ 50 朵小花；总苞片线形或线状披针形；花白色，稀淡紫色。花期 11 月至翌年 4 月（图1.6）。

图 1.6　紫茎泽兰花（付卫东 摄）

农业主要外来入侵植物图谱（第一辑）

果 瘦果黑褐色，5 棱，长 1.5 mm，冠毛白色，较花冠稍长。每株可年产瘦果 1 万粒左右，借冠毛随风传播。果期 3—4 月（图 1.7）。

图 1.7　紫茎泽兰瘦果（周小刚 摄）

【主要危害】 紫茎泽兰侵占草地，造成牧草严重减产。天然草地被紫茎泽兰入侵 3 年就失去放牧利用价值，常造成家畜误食中毒死亡（图 1.8）。

图 1.8　密集生长的紫茎泽兰（付卫东 摄）

1 紫茎泽兰

紫茎泽兰入侵农田、林地、牧场后，与农作物、牧草和林木争夺肥、水、阳光和空间，并分泌克生性物质，抑制周围其他植物的生长，对农作物和经济植物产量、草地维护、森林更新有极大影响（图 1.9）。

图 1.9 入侵林地生境（付卫东 摄）

紫茎泽兰对土壤养分的吸收性强，能极大地损耗土壤肥力。另外，紫茎泽兰对土壤可耕性的破坏也较为严重。植株能释放多种化感物质，排挤其他植物生长，常常大片发生，形成单优种群，破坏生物多样性，破坏园林景观，影响林业生产（图 1.10）。

紫茎泽兰植株内含有芳香和辛辣化学物质及泽兰酮等有毒物质，其花粉能引起人类过敏性疾病（图 1.11）。

图 1.10　入侵公路（付卫东 摄）

图 1.11　被泽兰实蝇寄生的紫茎泽兰（付卫东 摄）

2 飞机草

【学名】飞机草 *Chromolaena odorata* (L.) R. M. King & H. Rob. 隶属菊科 Asteraceae 飞机草属 *Chromolaena*。

【别名】解放草、马鹿草、魔鬼草、黑头草。

【起源】原产于中美洲。

【分布】中国分布于台湾、广东、香港、澳门、海南、广西[*]、云南及贵州。全球性入侵物种。2013 年被列入《国家重点管理外来入侵物种名录（第一批）》。

【入侵时间】20 世纪 20 年代作为香料植物引种到泰国栽培，1934 年在云南南部发现。

【入侵生境】飞机草的适应能力极强，干旱、瘠薄的荒坡隙地，甚至石缝和楼顶上照样能生长。生长于热带、亚热带的山坡、路旁。在中国生长于田埂、河边、路边、林内空旷地或荒地等生境。繁殖力极强，是具有竞争性的有害物种。

【形态特征】与紫茎泽兰形态上非常相似，茎秆颜色不同可加以区别（图 2.1）。

---

* 广西壮族自治区简称广西。全书中出现的自治区均用简称。

图2.1 飞机草植株（张国良 摄）

根 根粗壮，横走。

茎 茎分枝粗壮，常对生，水平直出，茎枝密被黄色茸毛或柔毛（图2.2）。

图2.2 飞机草茎（①虞国跃 摄，②付卫东 摄）

2 飞机草

叶 叶对生，卵形、三角形或卵状三角形，长 4 ～
10 cm；叶柄长 1 ～ 2 cm，上面绿色，下面色淡，两
面粗涩，被长柔毛及红棕色腺点，下面及沿脉密被毛和
腺点；基部平截、浅心形或宽楔形，基部 3 脉，侧脉
纤细，疏生不规则圆齿或全缘或一侧有锯齿或每侧各
有 1 粗大圆齿或 3 浅裂状；花序下部的叶小，常全缘
（图 2.3）。

图 2.3 飞机草叶（张国良 摄）

花 头状花序，直径 3 ～ 6（11）cm，花序梗粗，密被柔毛；总苞圆柱形，长 1 cm，直径（4 ～ 5）mm，约 20 朵小花，总苞片 3 ～ 4 层，覆瓦状排列，外层苞片卵形，长 2 mm，外被柔毛，先端钝，中层及内层苞片长圆形，长 7 ～ 8 mm，先端渐尖；全部苞片有 3 条宽中脉，麦秆黄色，无腺点；花白或粉红色，花冠长 5 mm。花期 4—12 月（图 2.4）。

图 2.4　飞机草花（付卫东　摄）

果 瘦果熟时黑褐色，长 4 mm，5 棱，无腺点，沿棱疏生白色贴紧柔毛。花果期 4—12 月（图 2.5）。

图 2.5 飞机草果（付卫东 摄）

农业主要外来入侵植物图谱（第一辑）

【主要危害】分泌化感物质，排挤本地植物，使草场失去利用价值，影响林木生长和更新。影响粮食作物、桑树、花椒、香蕉等的生长，降低产量。堵塞水渠，阻碍交通，导致野生名贵中药材失去生存环境。叶有毒，含香豆素类的有毒化合物，容易引起人类的皮肤炎症和过敏性疾病，误食嫩叶后引起头晕、呕吐，可引起家畜、家禽和鱼类中毒（图2.6至图2.8）。

图2.6 飞机草危害农田边（张国良 摄）

图 2.7　飞机草危害环境（张国良　摄）

图 2.8　飞机草入侵公路边（付卫东　摄）

3 假臭草

【学名】假臭草 *Praxelis clematidea* (Hieronymus ex Kuntze) R. M. King & H. Rob. 隶属菊科 Asteraceae 假臭草属 *Praxelis*。

【别名】猫腥菊。

【起源】原产于南美洲。

【分布】阿根廷、巴西及南美洲其他国家。中国分布于广东、广西、福建、云南及海南等热带和亚热带地区。

【入侵时间】20世纪80年代发现于香港，90年代初在深圳被发现，1995年被鉴定。

【入侵生境】生长于荒地、荒坡、滩涂、林地或果园等生境。

【形态特征】株高30～100 cm，为一年生或短命的多年生草本植物（图3.1，图3.2）。

3 假臭草

图 3.1　假臭草幼苗（付卫东　摄）

图 3.2　假臭草植株（张国良　摄）

根 浅根系，嫩枝极易扦插生根成活（图3.3）。

图 3.3　假臭草根（付卫东　摄）

3 假臭草

茎 茎直立，多分枝，全株被长柔毛（图3.4）。

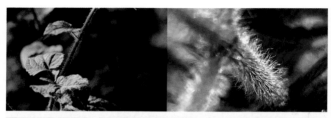

图3.4 假臭草茎（付卫东 摄）

叶 叶对生，卵圆形至菱形，具腺点；边缘齿状，顶端急尖，基部圆楔形，具 3 脉；叶柄长 0.3 ~ 2 cm（图 3.5），揉搓叶片可闻到类似猫尿的刺激性味道。

图 3.5　假臭草叶（付卫东 摄）

3 假臭草

花 头状花序，生于茎、枝端，总苞钟形，（7～10）mm×（4～5）mm，总苞片4～5层，小花25～30朵，蓝紫色；花冠长3.5～4.8 mm（图3.6）。

图3.6 假臭草花蕾和花序（付卫东 摄）

果 瘦果长 2～3 mm，黑色，具白色冠毛（图 3.7）。

图 3.7 假臭草瘦果和种子（①付卫东 摄，②周小刚 摄）

3 假臭草

紫茎泽兰、飞机草和假臭草的形态特征比较表

形态	紫茎泽兰	飞机草	假臭草
茎	暗紫色，毛被暗紫	绿色，密被黄色茸毛或柔毛	绿色、白色的长柔毛
叶片	呈菱形，厚纸质	呈三角形、薄纸质，两面都有灰白色茸毛	卵圆形至菱形
头状花序	呈白色，近圆球形	淡绿黄色、绿白色或淡紫色，长圆柱形	通常钟状
瘦果大小	长 1.6～2.3 mm，宽 0.18～0.3 mm	长 3.5～4.1 mm，宽 0.4～0.5 mm	长 2～3 mm，宽 0.5～0.7 mm
瘦果冠毛	易脱落	宿存，不易脱落	宿存，不易脱落
瘦果棱数	5 棱	3～5 棱，多为 5 棱	3～4 棱，多为 4 棱
瘦果棱脊	纵棱角外突较锐，棱脊上几无柔毛	具细纵脊状突起，棱脊上着生不与果体紧贴的、向上的淡黄色细短柔毛	棱脊上着生稀疏白色紧贴向上的短柔毛
瘦果表面	无短柔毛	无短柔毛	着生稀疏短柔毛

【**主要危害**】 由于生长迅速，与本地低矮植物争夺生长资源，严重影响本地生物多样性，特别是在南方果园中，

农业主要外来入侵植物图谱（第一辑）

扩张性极强，可以覆盖整片果园地面，其根对土壤肥力吸附能力强大，从而影响果树结实生长；同时能够分泌一种有毒的恶臭物质，影响家畜觅食（图 3.8 至图 3.11）。

图 3.8　假臭草入侵公路两侧（张国良　摄）

图 3.9　假臭草入侵野茶园（付卫东　摄）

图 3.10　假臭草入侵杧果园（周小刚　摄）

图 3.11　假臭草入侵玉米地（周小刚　摄）

农业主要外来入侵植物图谱（第一辑）

4 豚草

【学名】豚草 *Ambrosia artemisiifolia* L. 隶属菊科 Asteraceae 豚草属 *Ambrosia*。

【别名】普通豚草、美洲艾、艾叶破布草。

【起源】美国西南部和墨西哥北部

【分布】亚洲、美洲、欧洲和大洋洲。中国分布于东北三省、内蒙古、河北、北京、山东、江苏、江西、湖北、湖南、广西、广东、贵州及新疆等地。

【入侵时间】20世纪30年代初。

【入侵生境】生长于荒地、路边、水沟旁、田块周围或农田等生境。

【形态特征】一年生草本植物，株高 20～150 cm（图4.1，图4.2）。

图 4.1 普通豚草幼苗（付卫东 摄）

图 4.2　普通豚草植株（付卫东　摄）

根 浅根系，生殖力极强，可长不定根，扦插压条后能形成新的植株（图 4.3）。

图 4.3 普通豚草根（付卫东 摄）

茎 茎直立，多分枝，上部有圆锥状分枝，有棱，被疏生密糙毛（图 4.4）。

图 4.4 普通豚草茎（付卫东 摄）

4 豚草

叶 茎下部叶对生，上部叶互生，二至三回羽状分裂，裂片条状具短糙毛（图4.5）。

图 4.5 普通豚草叶（付卫东 摄）

花 头状花序单性，雄头状花序多，在枝顶排成总状，总苞碟形，直径2～2.5 cm，具雄花15～20朵；雄花高脚碟状，黄色，长约2 mm，顶端5裂；雌头状花序无梗，生在雄头状花序下部叶腋处，2～3朵簇生或单生，各具1朵无花被的雌花；总苞呈倒圆锥形，顶端尖锐，上方周围具5～8枚细齿（图4.6）。

果 瘦果倒卵形，长约2.5 mm，宽约2 mm，无毛，褐色有光泽，果皮坚硬，藏于坚硬的总苞中。

图4.6 普通豚草花（魏宁辉 摄）

4 豚草

【主要危害】 在花期散发的花粉含有水溶性蛋白，人类接触后引起过敏"枯草热病"、咳嗽、哮喘，情况严重可引起肺气肿。遮盖和压抑作物，妨碍农事操作，影响作物产量。植株可释放多种化感物质，对禾本科、菊科等植物的生长有抑制、排斥作用；对于土壤线虫和蚯蚓有一定的抑制作用（图 4.7 至图 4.9）。

图 4.7　密生的普通豚草幼苗（付卫东 摄）

图 4.8　普通豚草入侵草场（付卫东　摄）

图 4.9　普通豚草入侵公路两侧林带（付卫东　摄）

5 三裂叶豚草

【学名】三裂叶豚草 *Ambrosia trifida* L. 隶属菊科 Asteraceae 豚草属 *Ambrosia*。

【别名】大破布草。

【起源】原产于北美洲。

【分布】加拿大和美国。中国分布于东北三省，河北、北京、山东、四川、新疆及贵州等地。

【入侵时间】20 世纪 60 年代传入辽宁等地。

【入侵生境】生长于荒地、路边、水沟旁、田块周围或农田等生境。

【形态特征】植株高 0.5 ～ 2.5 m，有的可达 5 m 以上，一年生粗壮草本植物（图 5.1）。

图 5.1　三裂叶豚草植株（付卫东　摄）

根 直根系，周边多有须根（图 5.2）。

图 5.2 三裂叶豚草根（付卫东 摄）

茎 茎粗壮直立，直径可达 $2.5 \sim 3$ cm，不分枝或上部分枝，茎被糙毛，有时近无毛（图 5.3）。

图 5.3 三裂叶豚草茎（付卫东 摄）

5 三裂叶豚草

叶 叶对生，互生，叶柄粗壮，叶片长宽可达 6 ～ 15 cm。掌状 3 条深裂主脉。叶片两面均有短粗毛，叶脉上的毛较长（图 5.4）。

图 5.4 三裂叶豚草叶（付卫东 摄）

花 雄头状花序多数，圆形，直径约5 mm，花序梗长2～3 mm，下垂，在枝端密集成总状；总苞浅碟形，绿色，总苞片有3肋，有圆齿，被疏糙毛；花托无托片，具白色长柔毛；每头状花序有20～25朵不育小花：小花黄色，长1～2 mm；花冠钟形，上端5裂，外面有5紫色条纹；雌头状花序，在雄头状花序下面叶状苞片的腋部呈团伞状；总苞倒卵形，长6～8 mm，顶端具圆锥状短嘴，嘴部以下有5～7肋，每肋顶端有瘤或尖刺，无毛（图5.5）。

图5.5 三裂叶豚草花（付卫东 摄）

5 三裂叶豚草

果 成熟的复果倒圆锥形，瘦果倒卵形，无毛，藏于坚硬的总苞中，果皮灰褐色至黑色（图5.6）。

图5.6 三裂叶豚草瘦果（①付卫东 摄，②傅建伟 摄）

普通豚草和三裂叶豚草的形态特征比较表

形态特征	普通豚草	三裂叶豚草
植株大小	较小	高大
叶序	植株下部叶对生，大部叶互生	全株叶对生
叶形	羽状全裂，裂片较窄（0.2～1 cm）	掌状3～5裂
裂片边缘	全缘	锯齿
上部叶形	上部叶裂到不裂，全缘	上部叶有裂（不裂型除外）有齿
花序	总状花序较细，总苞背无褐色放射线	总状花序粗大，总苞有褐色放射线

【**主要危害**】遮盖和压抑作物，妨碍农事操作，影响作物产量。有可能抑制根瘤菌的活动，影响大豆根瘤的形成，其花粉可引起过敏、哮喘等症状，对人类造成危害（图 5.7 至图 5.11）。

图 5.7　三裂叶豚草入侵玉米地（付卫东　摄）

图 5.8　三裂叶豚草入侵农田（付卫东　摄）

图 5.9　三裂叶豚草入侵林地（付卫东　摄）

图 5.10　三裂叶豚草入侵荒地（付卫东　摄）

图 5.11　三裂叶豚草入侵草地（付卫东　摄）

6 加拿大一枝黄花

【学名】加拿大一枝黄花 *Solidago canadensis* L. 隶属菊科 Asteraceae 一枝黄花属 *Solidago*（图6.1）。

【别名】黄莺、麒麟草。

【起源】北美洲。

【分布】欧洲、北美洲及亚洲的日本和韩国。中国分布于浙江、上海、福建、江苏、安徽、湖北、湖南、四川及云南等地。

图6.1　加拿大一枝黄花植株（张国良 摄）

【入侵时间】1935 年作为观赏花卉引进，20 世纪 80 年代蔓延成杂草。

【入侵生境】生长于河滩、荒地、公路和铁路沿线、农田边、城镇庭院或农村住宅四周等生境。

【形态特征】多年生草本植物，植株高 0.3～2.5 m。

茎 具一年生地上茎和多年生地下根状茎，地上茎直立，全部或仅上部被短柔毛及糙毛，茎秆紫红色。株高 0.5～2.5 m，一般无分枝（图 6.2）。

图 6.2　加拿大一枝黄花茎（张国良 摄）

6 加拿大一枝黄花

叶 叶互生，叶披针形或线状披针形，长 5～12 cm，边缘具锐齿（图 6.3）。

花 头状花序很小，长 4～6 mm，在花序分枝上单面着生，多数弯曲的花序分枝与单面着生的头状花序，形成开展的圆锥状花序；总苞片线状披针形，长 3～4 mm，花黄色，边缘舌状花雌性，长 3～4 mm，中央管状花两性，长 2.5～3 mm。花果期 10—11 月（图 6.4）。

图 6.3 加拿大一枝黄花叶
（虞国跃 摄）

图 6.4 加拿大一枝黄花
（付卫东 摄）

果 瘦果具 7 条纵棱，冠毛白色（图 6.5）。

图 6.5　加拿大一枝黄花果（付卫东 摄）

加拿大一枝黄花和一枝黄花的形态特征比较表

形态特征	加拿大一枝黄花	一枝黄花
茎	根状茎，直立	单生或丛生
叶	叶互生，披针形或线状披针形，边缘锐齿	中部茎生叶椭圆形、长椭圆形、卵形或宽披针形，长 2～5 cm，下部楔形渐窄，叶柄具翅，仅中部以上边缘具齿或全缘；向上叶渐小；下部叶与中部叶同形，叶柄具翅；叶两面有柔毛或下面无毛
花	头状花序很小，总苞片线状披针形，花黄色，边缘舌状花雌性	头状花序直径 6～9 mm，长 6～8 mm，舌状花舌片椭圆形，长 6 mm
果	瘦果具 7 条纵棱	瘦果长 3 mm，无毛

6 加拿大一枝黄花

【主要危害】已成为很多区域农田、果园、苗圃的入侵杂草，也可以入侵低山疏林湿地生态系统，花粉量大，可导致花粉过敏（图6.6至图6.9）。

图6.6 加拿大一枝黄花入侵公路两侧（张国良 摄）

图6.7 加拿大一枝黄花入侵果园（张国良 摄）

图 6.8　加拿大一枝黄花入侵河堤（付卫东　摄）

图 6.9　加拿大一枝黄花入侵生活区（付卫东　摄）

7 刺苍耳

【学名】刺苍耳 *Xanthium spinosum* L. 隶属菊科 Asterace-ae 苍耳属 *Xanthium*（图 7.1）。

【别名】洋苍耳。

【起源】南美洲。

【分布】广泛分布于南美洲、北美洲和欧洲南部，中国分布于辽宁、北京、河北、河南及安徽等地。

图 7.1 刺苍耳植株（付卫东 摄）

【入侵时间】 1974 年在北京丰台南苑食用油厂附近发现。

【入侵生境】 生长于公路边、林带、农田周围、房前屋后或机耕道等生境。

【形态特征】 植株最高可达 120 cm，为一年生草本植物。

🌿 茎直立、上部多分枝，节上具三叉状棘刺，刺长 1 ～ 3 cm（图 7.2）。

图 7.2　刺苍耳茎（付卫东　摄）

叶 叶狭卵状披针形或阔披针形，长 3～8 cm，宽 6～30 mm，边缘 3～6 浅裂或不裂，全缘，中间裂片较长，长渐尖，基部楔形，下延至柄，上面有光泽，中脉下凹明显，下面密被灰白色毛；叶柄细，长 5～15 mm，被茸毛（图 7.3）。

图 7.3 刺苍耳叶（付卫东 摄）

花 花单性，雌雄同株；雄花序球状，生于上部，总苞片1层，雄花管状，顶端裂，雄蕊5；雌花序卵形，生于雄花序下部，总苞囊状，长8～14 mm，具钩刺，先端具2喙，内有2朵无花冠的花，花柱线形，柱头2深裂。花期7—9月。

果 总苞内有2个长椭圆形瘦果；果实呈纺锤形，长8～12 mm，直径4～7 mm，表面黄绿色，着生先端膨大钩刺，长2 mm，外皮（总苞）坚韧，内分2室，各有一纺锤状瘦果，种皮膜质，灰黑色，种子浅灰色，子叶2片，胚根位于尖端（图7.4）。果期9—11月。

图7.4 刺苍耳果（付卫东 摄）

7 刺苍耳

刺苍耳和苍耳的形态特征比较表

形态	刺苍耳	苍耳
茎	上部多分枝，节上具三叉状棘刺，刺长1～3 cm	茎下部被疏糙伏毛，上部及小枝密被糙伏毛
叶	叶狭卵状披针形或阔披针形，边缘3～6浅裂或不裂，全缘；叶柄细，被茸毛	中部叶心状卵形，基部微心形或近平截，与叶柄连接处呈不相等偏楔形，有不规则波状齿，基脉3出，叶柄长5～10 cm，被密糙伏毛；上部叶长三角形，长7～10 cm
花	花单性，雌雄同株	雄头状花序，直径4～5 mm，球形，总苞半球形，总苞片1层，长椭圆形，被微毛；雌头状花序卵形或卵状椭圆形，总苞片2层，外层长圆状披针形，长约3 mm，内层结合成囊状，背面有密而等长的刺，刺及喙基部被柔毛
果	瘦果2，为长椭圆形；果实呈纺锤形	瘦果2，倒卵圆形

【**主要危害**】为旱地杂草，全株有刺，易刺伤人类和牲畜，危害蔬菜和大豆等农作物，影响农作物生长，威胁当地农业和牧业；排挤当地植物，影响本地植物生长，使多样性降低；不宜铲除，耗费人力和物力（图7.5）。

图 7.5　刺苍耳入侵沟渠边（付卫东　摄）

8 意大利苍耳

图 8.1 意大利苍耳植株
（付卫东 摄）

【学名】意大利苍耳 *Xanthium italicum* Moretti 隶属菊科 Asteraceae 苍耳属 *Xanthium*。

【起源】北美洲。

【分布】广泛分布于南美洲、北美洲和欧洲南部。中国分布于北京等地。

【入侵时间】1991 年在北京昌平发现。

【入侵生境】生长于田间、路旁、荒地、牧场、海滨、河岸、湿润草地或沙滩等生境。

【形态特征】植株高 20 ～ 120 cm。为一年生草本植物（图 8.1）。

根 侧根分支多，长可达 2.1 m；深入地下达 1.3 m。

茎 茎直立，粗壮，基部木质化，有棱，常多分枝，具粗糙短毛，有紫色斑点（图 8.2）。

图 8.2　意大利苍耳茎（付卫东 摄）

8 意大利苍耳

叶 单叶互生，或茎下部叶近于对生；叶片三角状卵形至宽卵形，长9～15 cm，宽8～14 cm，3～5浅裂。有3条主脉，边缘具不规则的齿或裂，两面被短硬毛（图8.3）。

图8.3 意大利苍耳叶（付卫东 摄）

花 头状花序单性同株；雄花序生于雌花序的上方；雌花序具花；总苞结果时长圆形，外面长倒钩刺，刺上被白色透明的刚毛和短腺毛（图 8.4）。

图 8.4 意大利苍耳花（付卫东 摄）

8 意大利苍耳

果 果的刺上被白色透明的刚毛和短腺毛（图 8.5）。

图 8.5　意大利苍耳果（付卫东　摄）

意大利苍耳和苍耳的形态特征比较表

形态	意大利苍耳	苍耳
茎	茎直立,有棱	茎下部被疏糙伏毛,上部及小枝密被糙伏毛
叶	单叶互生,茎下部叶近于对生	中部叶心状卵形,基部微心形或近平截,与叶柄连接处呈不相等偏楔形,有不规则波状齿,基脉3出,叶柄长5～10 cm,被密糙伏毛;上部叶长三角形,长7～10 cm
花	头状花序单性同株	雄头状花序,直径4～5 mm,球形,总苞半球形,总苞片1层,长椭圆形,被微毛;雌头状花序卵形或卵状椭圆形,总苞片2层,外层长圆状披针形,长约3 mm,内层结合成囊状,背面有密而等长的刺,刺及喙基部被柔毛
果	果的刺上被白色透明的刚毛和短腺毛	瘦果2,倒卵圆形

8 意大利苍耳

【主要危害】 与作物争夺生存空间侵占玉米田、棉花田、大豆田等农田及部分棉田，豆类作物受害较为严重。果实有刺，较难清除，刺果能减少羊毛产量。幼苗有毒，牲畜误食会造成中毒（图 8.6）。

图 8.6　意大利苍耳危害环境（付卫东　摄）

9 印加孔雀草

【学名】印加孔雀草 *Tagetes minuta* L. 隶属菊科 Astera-ceae 万寿菊属 *Tagetes*。

【别名】臭罗杰。

【起源】原产于南美洲南部温带草原和山区，包括阿根廷、智利、玻利维亚、秘鲁和巴拉圭等国。

【分布】广泛分布于北美洲（美国）、欧洲（西班牙、法国、葡萄牙、瑞士）、亚洲（日本、印度、中国）、非洲（南非、肯尼亚、安哥拉、突尼斯、也门、马达加斯加）和大洋洲（澳大利亚）等 20 多个国家和地区。中国河北井陉、山西阳泉、山东青岛、山东济南及西藏林芝等地发现大面积自然定殖种群。

【入侵时间】1990 年 10 月首次在北京植物园发现，2006 在台湾台中的中部高山地区发现其物种归化。2011 年在北京昌平回龙观、兴寿镇苹果园、公路边发现大面积种群，并呈现种群扩张危害趋势。

【入侵生境】生长于公路边、林带、农田、河岸、房前屋后或园艺绿化带等生境。

9 印加孔雀草

【形态特征】一年生草本植物，植株高 10 ～ 250 cm（图 9.1，图 9.2）。

图 9.1　印加孔雀草植株（张瑞海　摄）

图 9.2　印加孔雀草幼苗（付卫东　摄）

根 直根，须根较多（图9.3）

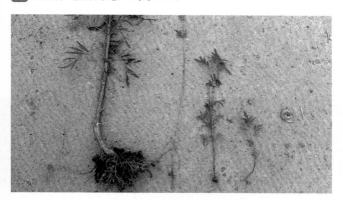

图9.3 印加孔雀草根（付卫东 摄）

茎 茎具肋、腺，无毛，多分枝（尤其较大的植株）（图9.4）。

图9.4 印加孔雀草茎（王忠辉 摄）

9 印加孔雀草

叶 多数对生，通常在上半部分互生，暗绿色，羽状复叶，叶轴具狭翅，有 9～17 个小叶，小叶线状披针形，长可达 2～4 cm，边缘具细锯齿，并且具有橙色腺体（图 9.5）。

图 9.5　印加孔雀草叶（郗玲玲　摄）

花 头状花序密集，在茎顶排列呈伞房状；总苞 8～12 mm，狭圆柱状；有 3 或 4 个叶呈苞状，黄绿色，混合状，光滑，并伴有棕色或橙色线性腺体；每个头状花序具 2～3 个舌状花，淡黄色至奶油色，长 2～3.5 mm；有 4～7 个管状花，黄色至深黄色，长 4～5 mm（图9.6）。

图9.6　印加孔雀草花（王忠辉 摄）

9 印加孔雀草

果 瘦果黑色，线性，长 6 ～ 7 mm，具白伏毛；冠毛有 1 或 2 个 3 mm 的刚毛，3 或 4 个 1 mm 的鳞片，顶端有纤毛（图 9.7）。

图 9.7　印加孔雀草果（付卫东 摄）

印加孔雀草和万寿菊的形态特征比较表

形态	印加孔雀草	万寿菊
茎	茎具肋，腺，无毛，多分枝	茎直立，粗壮，具纵细条棱，分枝向上平展
叶	多数对生，叶轴具狭翅，小叶线状披针形，边缘具细锯齿	叶羽状分裂，裂片长椭圆形或披针形，具锐齿，上部叶裂片齿端有长细芒

续表

形态	印加孔雀草	万寿菊
花	头状花序多数，在茎顶排列呈伞房状；总苞狭圆柱状	头状花序单生，花序梗顶端棍棒状；总苞杯状，顶端具尖齿；舌状花黄或暗橙黄色，舌片倒卵形，基部成长爪，先端微弯缺；管状花花冠黄色，冠檐5齿裂
果	瘦果黑色，线性，具白伏毛	瘦果线形，被微毛

【**主要危害**】产种量巨大，很难抑制其传播；与农作物竞争生长资源，造成农作物减产；排挤本土植物，造成植物群落单一化，群落稳定性差；分泌化感物质，抑制其伴生植物的生长（图9.8至图9.11）。

图9.8 印加孔雀草入侵河岸（付卫东 摄）

图 9.9　印加孔雀草入侵林地（付卫东　摄）

图 9.10　印加孔雀草入侵生活区（付卫东　摄）

图 9.11 印加孔雀草入侵公路边（付卫东 摄）

10 三裂叶蟛蜞菊

【学名】三裂叶蟛蜞菊 *Sphagneticola trilobata*（L.）Pruski 隶属菊科 Asteraceae 蟛蜞菊属 *Sphagneticola*。

【别名】南美蟛蜞菊。

【起源】热带美洲。

【分布】世界热带地区广泛归化。中国分布于广东、广西、海南、福建及云南等地。

【入侵时间】20世纪70年代作为地被植物引入栽培，生长于草地、园圃等生境。

【入侵生境】生长于路边、荒地、农田、沟渠边、果园、公园、山坡或村落旁等生境。

【形态特征】多年生草本植物，茎可长达180 cm（图10.1）。

图 10.1　三裂叶蟛蜞菊植株（付卫东 摄）

茎 茎平卧，节上生根，覆盖地面（图 10.2）。

图 10.2 三裂叶蟛蜞菊茎（付卫东 摄）

叶 叶对生，稍肉质，椭圆形至披针形，通常3裂，裂片三角形，具疏齿，顶端急尖，基部楔形，无毛或散生短柔毛；叶柄长不及5 mm（图10.3）。

图 10.3　三裂叶蟛蜞菊叶（付卫东　摄）

花 头状花序腋生，具长梗，苞片披针形，长10～15 mm，具缘毛；花黄色或橘黄色，边缘舌状花4～8朵，顶端具3～4齿，能育；盘花多数，黄色（图10.4）。

图 10.4　三裂叶蟛蜞菊花（付卫东 摄）

10 三裂叶蟛蜞菊

果 瘦果棍棒状，具角，长约5 mm，黑色。

三裂叶蟛蜞菊和蟛蜞菊的形态特征比较表

形态	三裂叶蟛蜞菊	蟛蜞菊
茎	茎平卧，节上生不定根，覆盖地面。	茎匍匐，节上生出不定根，长15～50 cm，基部径约2 mm，分枝，有阔沟纹，疏被贴生的短糙毛或下部脱毛
叶	叶对生，椭圆形至披针形，通常3裂；叶柄长不及5 mm	叶对生，椭圆状披针形，长2.5～7 cm，先端短尖或钝，基部窄而近无柄，主脉3条，边缘近全缘或具大齿
花	头状花序腋生，具长梗，苞片披针形，具缘毛	头状花序单生，直径约2 cm，总苞片2列，黄色
果	瘦果棍棒状，具角	瘦果倒卵形，长约4 mm，多疣状突起，顶端稍收缩，舌状花的瘦果具3边，边缘增厚

【**主要危害**】为南方旱地杂草，危害农田、果园、绿地、茶园、苗圃等。繁殖快，常成片生长，排挤本地植物，被列为世界最具危害的100种外来入侵物种之一（图10.5）。

图 10.5　三裂叶蟛蜞菊危害公路两侧（张国良　摄）

11 羽芒菊

【学名】羽芒菊 *Tridax procumbens* L. 隶属菊科 Asteraceae
羽芒菊属 *Tridax*（图 11.1）。

【别名】长柄菊。

【起源】美洲热带。

【分布】中国分布于广东、广西、海南、福建、云南及
台湾等地。

图 11.1　羽芒菊群落（张国良　摄）

【入侵时间】 1947 年在海南和广东发现。

【入侵生境】 生长于低海拔路边、荒地、农田、坡地或公园绿地等生境。

【形态特征】 多年生草本植物，植株高 20 ～ 50 cm。

茎 茎纤细长，自基部分枝，被粗糙毛，茎下部匍匐地面，节处常生不定根（图 11.2）。

图 11.2　羽芒菊茎（张国良 摄）

11 羽芒菊

叶 叶对生，卵形或披针形，边缘有不整齐深锯齿或羽状浅裂，叶柄长 0.5 ～ 1 cm（图 11.3）。

图 11.3　羽芒菊叶（张国良 摄）

花 头状花序，单生茎和枝端，总苞钟形（图 11.4）。

图 11.4　羽芒菊花（张国良 摄）

农业主要外来入侵植物图谱（第一辑）

果 瘦果陀螺形或倒卵形，黑色或棕色，有毛，冠毛羽状，比瘦果长 4 倍（图 11.5）。

图 11.5　羽芒菊果（张国良 摄）

【**主要危害**】为南方旱地杂草，危害农田、花圃等，常蔓延成片，抑制土著植物生长，影响生物多样性。

12 | 肿柄菊

【学名】肿柄菊 *Tithonia diversifolia*（Hemsl.）A. Gray 隶属菊科 Asteraceae 肿柄菊属 *Tithonia*（图 12.1）。

【别名】假向日葵、黄斑肿柄菊、墨西哥向日葵、太阳菊。

【起源】墨西哥。

【分布】中国广东和云南曾作为观赏植物引种，在广东、广西、云南及台湾等地有逃逸种群分布，福建福州、莆田、泉州及厦门等地广为栽培。

图 12.1　肿柄菊植株（付卫东　摄）

农业主要外来入侵植物图谱（第一辑）

【入侵时间】1910 年从新加坡引入中国台湾，20 世纪 80 年代在中国逸生为杂草。最早于 1921 年在中国香港采集到该物种标本。

【入侵生境】生长于路边和荒地等生境。

【形态特征】一年生草本植物，植株高 2 ～ 5 m。

茎 茎分枝粗壮，密被短柔毛或下部脱毛（图 12.2）。

叶 叶卵形、卵状三角形或近圆形，长 7 ～ 20 cm，叶柄长；上部叶有时分裂，裂片卵形或披针形，边缘有细锯齿，下面被柔毛，基出 3 脉（图 12.2）。

图 12.2 肿柄菊茎和叶（付卫东 摄）

12 肿柄菊

花 头状花序，直径 5 ～ 15 cm，顶生于假轴分枝的长花序梗上；总苞片 4 层，外层椭圆形或椭圆状披针形，基部革质，内层苞片长披针形，上部叶质或膜质；舌状花 1 层，黄色，舌片长卵形；管状花黄色（图 12.3）。

图 12.3　肿柄菊花（付卫东　摄）

果 瘦果长椭圆形，长约 4 mm，被柔毛。

肿柄菊和圆叶肿柄菊的形态特征比较表

形态	肿柄菊	圆叶肿柄菊
茎	茎分枝粗壮，密被短柔毛或下部脱毛	茎直立，全株密被柔毛，株高 1～2 m
叶	叶卵形、卵状三角形或近圆形，叶柄长	叶互生，广卵形，基部下延，3 出脉，缘有粗齿
花	头状花序，总苞片 4 层，舌状花 1 层，黄色，舌片长卵形；管状花黄色	头状花序顶生，花直径 5～8 cm，花梗长，顶部膨大，舌状花橙红色，管状花黄色。分枝、开橙红色花朵
果	瘦果长椭圆形	—

【主要危害】云南已逸生成为路埂杂草，农田周围的群落可直接危害农业生产；通过植株密度的快速增加，排挤其他植物，形成密集型的单优势种群落，严重威胁当地的植物多样性。

13 | 三叶鬼针草

图 13.1 三叶鬼针草植株
（付卫东 摄）

【学名】三叶鬼针草 *Bidens pilosa* L. 隶属菊科 Asteraceae 鬼针草属 *Bidens*。

【别名】鬼针草。

【起源】热带美洲。

【分布】中国分布于辽宁、河北、陕西、江苏、安徽、福建、湖北、贵州、台湾、广东、四川及重庆等地。

【入侵时间】1857 年在香港首次报道。

【入侵生境】生长于路边、林地、农田、草地、旱作地、果园、宅旁或弃荒地等生境，旱地分布较多。

【形态特征】一年生草本植物，植株高达 1.2 m（图 13.1）。

根 直根系，须根较多（图 13.2）。

图 13.2 三叶鬼针草根（付卫东 摄）

茎 茎钝四棱形，直立，无毛或有时上部稀被柔毛（图 13.3）。

图 13.3 三叶鬼针草茎（付卫东 摄）

叶 叶对生，茎下部叶常于花前枯萎；中部叶为三出复叶，或稀为 5 ～ 7 小叶的羽状复叶，小叶边缘有锯齿；上部叶小，线状披针形，3 裂或不裂（图 13.4）。

图 13.4　三叶鬼针草叶（付卫东　摄）

13 三叶鬼针草

花 头状花序，直径8～9 mm；总苞片7～8枚，线状匙形，基部被短柔毛；舌状花白色或黄色，1～5朵，有时无；筒状花黄色，裂片5，两性结实（图13.5）。

图 13.5　三叶鬼针草花（付卫东　摄）

果 瘦果条形，黑色，略扁，具四棱，上部有刚毛；冠毛3～4条，芒状，具倒刺（图13.6）。

图 13.6　三叶鬼针果（付卫东　摄）

三叶鬼针草和小花鬼针草的形态特征比较表

形态	三叶鬼针草	小花鬼针草
茎	茎钝四棱形，无毛或有时上部稀被柔毛	茎无毛或疏被柔毛
叶	叶对生，中部叶为三出复叶；上部叶小，线状披针形，3裂或不裂	叶对生，二至三回羽状分裂，上面被柔毛，下面无毛或沿叶脉疏被柔毛，上部叶互生，二回或一回羽状分裂
花	头状花序，总苞线状匙形，基部被短柔毛。舌状花白色或黄色，筒状花黄色	头状花序，总苞筒状，基部被柔毛，外层总苞片4～5，草质，线状披针形，长约5 mm，内层常1枚，托片状
果	瘦果条形，黑色，略扁，具四棱，上部有刚毛；冠毛3～4条，芒状，具倒刺	瘦果线形，稍具4棱，长1.3～1.6 cm，两端渐窄，有小刚毛，顶端芒刺2，有倒刺毛

【**主要危害**】 主要危害经济作物，如棉花和蔬菜等，此外还是棉蚜等的中间寄主。繁殖能力强，并且具有化感作用，对伴生植物具有抑制作用。

14 苏门白酒草

【学名】苏门白酒草 *Erigeron sumatrensis* Retz. 隶属菊科 Asteraceae 飞蓬属 *Erigeron*。

【起源】南美洲。

【分布】中国分布于浙江、湖北、江西、广东、广西、福建、海南、重庆、贵州、四川及云南等地。

【入侵时间】19 世纪中期传入中国。

【入侵生境】生长于山坡草地、旷野、荒地、田边、河谷、沟边或路旁等生境。

【形态特征】一年生或二年生草本植物，植株高 80 ～ 150 cm，全株灰绿色（图 14.1）。

图 14.1 苏门白酒草植株（张国良 摄）

根 纺锤状，直或弯，具纤维状根。

茎 茎粗壮，直立，高 80～150 cm，基部直径 4～6 mm，具条棱，绿色或下部红紫色，中部或中部以上有长分枝，被较密灰白色上弯糙短毛，杂有开展的疏柔毛（图 14.2）。

图 14.2 苏门白酒草茎（①谭万忠 摄，②付卫东 摄）

14 苏门白酒草

图 14.3　苏门白酒草叶（谭万忠　摄）

叶 叶密集，基部叶花期凋落，下部叶倒披针形或披针形，长 6～10 cm，宽 1～3 cm，顶端尖或渐尖，基部渐狭成柄，边缘上部每边常有 4～8 个粗齿，基部全缘，中部和上部叶渐小，狭披针形或近线形，具齿或全缘，两面特别下面被密糙短毛（图 14.3）。

花 头状花序多数，直径 5～8 mm，在茎枝端排列成大而长的圆锥花序；花序梗长 3～5 mm；总苞卵状短圆柱状，长 4 mm，宽 3～4 mm，总苞片 3 层，灰绿色，线状披针形或线形，顶端渐尖，背面被糙短毛，外层稍短或短于内层之半，内层长约 4 mm，边缘干膜质；花托稍平，具明显小窝孔，直径 2～2.5 mm；雌花多层，长 4～4.5 mm，管部细长，舌片淡黄色或淡紫色，极短细，丝状，顶端具 2 细裂；两性花 6～11

农业主要外来入侵植物图谱（第一辑）

朵，花冠淡黄色，长约 4 mm，檐部狭漏斗形，上端具 5 齿裂，管部上部被疏微毛（图 14.4）。

图 14.4 苏门白酒草花（①②付卫东 摄，③周小刚 摄）

14 苏门白酒草

果 瘦果线状披针形，长 1.2～1.5 mm，扁压，被贴微
毛；冠毛 1 层，初时白色，后变黄褐色。花期 5—10 月
（图 14.5）。

图 14.5　苏门白酒草果（周小刚　摄）

苏门白酒草和飞蓬的形态特征比较表

形态	苏门白酒草	飞蓬
茎	茎粗壮，直立，具条棱，绿色或下部红紫色，中部或中部以上有长分枝，被较密灰白色上弯糙短毛，杂有开展的疏柔毛	茎被硬长毛，兼有疏贴毛；茎基部叶倒披针形，长 1.5～10 cm，基部渐窄成长柄，全缘，稀具小尖齿；中部和上部叶披针形，长 0.5～8 cm，无柄；最上部叶线形
叶	叶密集，基部叶花期凋落，下部叶倒披针形或披针形	叶两面被硬毛
花	头状花序多数（图 14.6）	头状花序下部常被具柄腺毛（图 14.6）
果	瘦果线状披针形，扁压，被贴微毛	瘦果长圆披针形，长约 1.8 mm，被疏贴毛；冠毛白色，刚毛状，外层极短，内层长 5～6 mm

图 14.6 苏门白酒草和飞蓬的花
（左为飞蓬花序，右为苏门白酒草花序）

14 苏门白酒草

【主要危害】 该种能产生大量瘦果，瘦果借冠毛随风扩散，蔓延极快，对秋收粮食作物、果园和茶园危害严重，为一种常见杂草，可通过分泌化感物质抑制其他植物的生长（图 14.7 至图 14.9）。

图 14.7　苏门白酒草入侵山地（谭万忠　摄）

图 14.8　苏门白酒草入侵荒地（谭万忠　摄）

图 14.9　苏门白酒草入侵玉米地（谭万忠　摄）

15 藿香蓟

【学名】藿香蓟 *Ageratum conyzoides* L. 隶属菊科 Asteraceae 藿香蓟属 *Ageratum*。

【别名】胜红蓟。

【起源】热带美洲。

【分布】中国华南、东南及西南地区有栽培。

【入侵时间】19 世纪出现在香港，1917 年在广东采集到该物种标本。

【入侵生境】生长于山谷、山坡林下、林缘、河边、山坡草地、田边或荒地等生境。

【形态特征】一年生草本植物，植株高 30 ～ 60 cm，稍有香味，被粗毛（图15.1）。

图 15.1　藿香蓟植株（周小刚 摄）

根 无明显主根（图 15.2）。

图 15.2　藿香蓟根（付卫东　摄）

15 藿香蓟

茎 茎粗壮，基部直径 4 mm，或少有纤细的，而基部直径不足 1 mm，不分枝或自基部或自中部以上分枝，或下基部平卧而节常生不定根。全部茎枝淡红色，或上部绿色，被白色尘状短柔毛或上部被稠密开展的长茸毛（图 15.3）。

图 15.3 藿香蓟茎（付卫东 摄）

农业主要外来入侵植物图谱（第一辑）

叶 叶对生，有时上部互生，常有腋生的不发育的叶芽。中部茎叶卵形或椭圆形或长圆形，长 3 ~ 8 cm，宽 2 ~ 5 cm；自中部叶向上向下及腋生小枝上的叶渐小或小，卵形或长圆形，有时植株全部叶小形，长仅 1 cm，宽仅达 0.6 mm。全部叶基部钝或宽楔形，基出 3 脉或不明显 5 脉，顶端急尖，边缘圆锯齿，有长 1 ~ 3 cm 的叶柄，两面被白色稀疏的短柔毛且有黄色腺点，上面沿脉处及叶下面的毛稍多有时下面近无毛，上部叶的叶柄或腋生幼枝及腋生枝上的小叶的叶柄通常被白色稠密开展的长柔毛（图 15.4）。

图 15.4 藿香蓟叶（付卫东 摄）

15 藿香蓟

花 头状花序，4～18个在茎顶排成通常紧密的伞房状花序；花序直径1.5～3 cm，花梗长0.5～1.5 cm，被短柔毛。总苞钟状或半球形，宽5 mm。总苞片2层，长圆形或披针状长圆形，长3～4 mm，外面无毛，边缘撕裂。花冠长1.5～2.5 mm，外面无毛或顶端有尘状微柔毛，檐部5裂，淡紫色（图15.5）。

图15.5 藿香蓟花（付卫东 摄）

果 瘦果黑褐色，5 棱，长 1.2～1.7 mm，有白色稀疏
细柔毛。冠毛膜片 5 或 6 个，长圆形，顶端急狭或渐狭
成长或短芒状，或部分膜片顶端截形而无芒状渐尖；全
部冠毛膜片长 1.5～3 mm。花果期全年（图 15.6）。

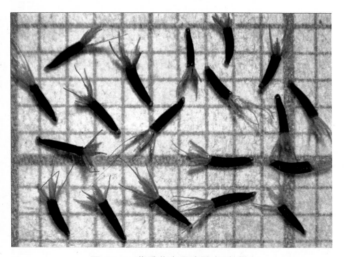

图 15.6　藿香蓟瘦果（周小刚 摄）

【主要危害】 常入侵秋收作物，如玉米、甘蔗和甘薯田，
发生量大、危害重，是区域性的恶性杂草（图 15.7，图
15.8）。

图 15.7　藿香蓟危害河岸（付卫东　摄）

图 15.8　藿香蓟危害玉米地（周小刚　摄）

16 熊耳草

【学名】熊耳草 *Ageratum houstonianum* Miller 隶属菊科 Asteraceae 藿香蓟属 *Ageratum*。

【别名】心叶藿香蓟、紫花藿香蓟、大花藿香蓟。

【起源】原产于墨西哥和危地马拉。

【分布】中国分布于广东、广西、云南、四川、江苏、山东及黑龙江等地。

【入侵时间】1908 年在福建采集到该物种标本，引种栽培后逸生。

【入侵生境】喜温暖及阳光充足的环境，不耐寒。常见于路边。

【形态特征】一年生草本植物，植株高 30 ~ 70 cm 或有时达 1 m（图 16.1）。

图 16.1　熊耳草植株（付卫东 摄）

16 熊耳草

根 无明显主根。

茎 茎不分枝，或下部茎枝平卧而节生不定根；茎枝被白色茸毛或薄绵毛，茎枝上部及腋生小枝毛密（图 16.2）。

图 16.2　熊耳草茎（付卫东　摄）

叶 叶对生或上部叶近互生，卵形或三角状卵形，中部茎叶长 2～6 cm，或长宽相等；叶柄长 0.7～3 cm，边缘有规则圆锯齿，先端圆或尖，基部心形或平截，两面被白色柔毛，上部叶的叶柄、腋生幼枝及幼枝叶的叶柄被白色长茸毛（图 16.3）。

图 16.3　熊耳草叶（付卫东　摄）

16 熊耳草

头状花序，在茎枝顶端排成伞房或复伞房花序；花
序梗被密柔毛或尘状柔毛；总苞钟状，直径 6～7 mm，
总苞片 2 层，窄披针形，长 4～5 mm，全缘，外面被腺
质柔毛；花冠淡紫色，5 裂，裂片外被柔毛（图 16.4）。

图 16.4 熊耳草花（付卫东 摄）

果 瘦果熟时黑色；冠毛膜片状，5 个，膜片长圆形或披针形，顶端芒状长渐尖。

藿香蓟和熊耳草的形态特征比较表

形态	藿香蓟	熊耳草
茎	不分枝或自基部或中部以上分枝，或下基部平卧而节生不定根，全部茎枝淡红色，或上部绿色	不分枝，或下部茎枝平卧而节生不定根；茎枝被白色茸毛或薄绵毛，茎枝上部及腋生小枝毛密
叶	叶对生，有时上部互生，常有腋生的不发育的叶芽	叶对生或上部叶近互生，卵形或三角状卵形，叶柄边缘有规则圆锯齿，先端圆或尖，基部心形或平截，两面被白色柔毛
花	头状花序，花梗被短柔毛；总苞钟状或半球形，总苞片 2 层，长圆形或披针状长圆形；花冠外面无毛或顶端有尘状微柔毛，5 裂，淡紫色	头状花序，在茎枝顶端排成伞房或复伞房花序；花序梗被密柔毛或尘状柔毛；总苞钟状，直径 6～7 mm，总苞片 2 层，窄披针形，长 4～5 mm，全缘，外面被腺质柔毛；花冠淡紫色，5 裂，裂片外被柔毛
果	瘦果黑褐色，5 棱，有白色稀疏细柔毛	瘦果熟时黑色；冠毛膜片状，5 个，膜片长圆形或披针形，顶端芒状长渐尖

【主要危害】 熊耳草常危害旱地作物，对甘蔗、花生和大豆危害较大，并能危害果园及橡胶园的植物，在荒地及路边也常见。

17 假苍耳

【学名】假苍耳 Cyclachaena xanthiifolia（Nutt.）Fresen. 隶属菊科 Asteraceae 假苍耳属 Cyclachaena。

【起源】原产于北美洲。

【分布】中国分布于华北地区和东北地区的辽宁、吉林等地。

【入侵时间】1981 年在辽宁朝阳首次发现，1982 年在沈阳再次发现。

【入侵生境】生长于农田内外、路旁、村落及荒地等生境。

【形态特征】一年生草本植物，植株高 0.7～2 m（图 17.1，图 17.2）。

图 17.1　假苍耳幼株（付卫东 摄）

图 17.2　假苍耳植株（付卫东 摄）

根 发达直根系。

茎 茎直立，分枝粗壮，下部茎粗 1 ~ 1.5 cm，下部无毛，灰绿色具明显纵条纹，向上渐有毛，节很明显（图 17.3）。

图 17.3　假苍耳茎（付卫东 摄）

17 假苍耳

叶 叶对生，茎上部叶互生有长柄、疏被柔毛；单叶，长卵形、阔卵形至心脏形，长 5 ~ 20 cm，宽 2.5 ~ 15 cm，基部阔楔形，先端渐尖或长尾状尖，边缘有缺刻状尖齿。表面具短伏毛、暗绿色，叶背面具柔毛，灰绿色，沿脉尤多，具 3 脉；叶柄长 3.5 ~ 7 cm，粗 2 ~ 4 mm，新叶柄有稀疏毛，后脱落，老叶柄仅基部有毛（图 17.4）。

图 17.4　假苍耳叶（付卫东　摄）

花 头状花序排成圆锥花序状，枝顶生及腋生，下垂，具极短的柄；总苞 5 枚，覆瓦状排列，椭圆状菱形，边缘微锯齿状，有睫毛；花单性，为管状花，着生圆锥形花序托；雌花位于花序盘边缘总苞片内侧，通常为 5 朵，筒状花冠退化成膜质小筒，位于子房的顶端，花柱较短，柱头二裂，子房倒卵形，腹面平，背面隆起；雄花位于花序盘中央，有数十朵，基部皆有一条形鳞片，花冠筒长约 2 mm，具 5 个齿裂；花粉粒圆球形，具刺状凸起；雄花中存在退化雌蕊，1.2 mm 左右，柱头盘状（图 17.5）。

图 17.5 假苍耳花（付卫东 摄）

17 假苍耳

果 瘦果倒卵形，长 2.5 mm，宽 1.5 mm，黑褐色至灰黄褐色，基部狭楔形，先端平截，花冠宿存，腹面平，腹面中央居两侧各有 1 条脊棱，背面凸起；无冠毛（图17.6）。

图 17.6　假苍耳果（付卫东 摄）

【主要危害】与粮食作物争夺生长资源，造成农作物减产，并对林业工程措施包括造林、幼苗生长造成危害。假苍耳可在花期产生大量花粉，其花粉可导致"枯草热病"的患者增多（图 17.7，图 17.8）。

图 17.7 假苍耳入侵玉米地（付卫东 摄）

图 17.8 假苍耳入侵荒地（付卫东 摄）

18 裸冠菊

【学名】裸冠菊 *Gymnocoronis spilanthoides*（D. Don ex Hook. & Arn.）DC. 隶属菊科 Asteraceae 裸冠菊属 *Gymnocoronis*。

图 18.1　裸冠菊幼苗
（周小刚　摄）

【别名】斯必兰、光冠水菊、光叶水菊、河菊。

【起源】南美洲热带和亚热带地区。

【分布】中国分布于广西、四川及台湾等地。

【入侵时间】2006 年在广西发现。

【入侵生境】生长于池塘、沟边及路边草丛等湿润生境。

【形态特征】多年生草本植物，株高 40 ～ 120 cm（图 18.1，图 18.2）。

农业主要外来入侵植物图谱（第一辑）

图 18.2 裸冠菊植株（周小刚 摄）

18 裸冠菊

根 直立有须根（图18.3）。

茎 茎直立，不分枝或者上部分枝，有时略为匍匐横卧，茎多棱，中空，被稀疏毛（图18.4）。

图 18.3 裸冠菊叶和根（周小刚 摄）

叶 叶对生，基部叶较大，叶披针至卵状披针形，长 4 ~ 20 cm，宽 1.3 ~ 5 cm，顶端急尖，叶边缘具细齿（图 18.3，图 18.4）。

图 18.4　裸冠菊茎（周小刚　摄）

18 裸冠菊

花 头状花序，在茎顶部排列成聚伞状花序，总苞半球形，长 5 ～ 7 mm，宽约 6.5 mm，总苞片 2 ～ 3 层，近等长，线状条形，顶端尖或渐尖。小花花冠狭漏斗形，花冠白色至淡紫色（图 18.5）。

图 18.5　裸冠菊花（周小刚　摄）

果 瘦果棱柱形，3 ～ 5 肋，长 1.2 ～ 1.6 mm，无冠毛（图 18.6）。

图 18.6　裸冠菊瘦果（周小刚　摄）

农业主要外来入侵植物图谱（第一辑）

【主要危害】严重影响其他植物的正常生长，使生物多样性大幅度降低；容易引起河道阻塞，影响湿地生态景观（图 18.7）。

图 18.7 裸冠菊危害环境（周小刚 摄）

19 毒莴苣

【学名】毒莴苣 *Lactuca serriola* L. 隶属菊科 Asteraceae
莴苣属 *Lactuca*。

【别名】野莴苣、刺莴苣、银齿莴苣、黄花莴苣、阿尔
泰莴苣。

图 19.1 毒莴苣植株
（付卫东 摄）

【起源】欧洲。

【分布】中国分布于云南、浙江、
新疆（阿勒泰、布尔津、塔城、
沙湾、玛纳斯、乌鲁木齐、伊
宁、巩留、昭苏）及台湾。

【入侵时间】1949 年首次在云南
发现。

【入侵生境】生长于废弃地、放
牧草场、农田、果园、马路旁、
铁路旁或人行小路等砂质黏土、
沙壤土、淡黑钙土等地块。

【形态特征】一年生草本植物，植
株高 30 ～ 120 cm（图 19.1）。

农业主要外来入侵植物图谱（第一辑）

茎 茎白色或灰绿色，单生，直立，无毛或有白色茎刺。具乳白色汁液（图 19.2）。

图 19.2　毒莴苣茎（付卫东 摄）

叶 叶灰绿色，互生，无柄，中脉带白色。叶片长 5～15 cm，少数可达到 20 cm；基部叶羽状分裂；上部叶椭圆形，叶缘多数不裂，基部渐狭成翼柄；顶生叶通常全缘或近全缘，披针形（图 19.3）。

图 19.3　毒莴苣叶（付卫东 摄）

花 头状花序，着生于植株顶端，直径 2 ～ 3 cm，内含舌状小花多数。总苞片长短不一。花瓣蓝紫色，明显长于总苞片。苞片长 13 ～ 20 mm，带紫色。外层苞片宽短，卵形或卵状披针形，内苞片渐狭为线形，边缘膜质，长度几乎相等，在果实成熟时总苞展开或反折（图19.4）。

图 19.4　毒莴苣花（付卫东　摄）

19 毒莴苣

果 瘦果暗红棕色或瓦灰色，喙明显。每面具纵肋 4 ～ 5 条。瘦果顶端有长卵圆形衣领状环，花柱残痕位于中央（图 19.5）。

图 19.5　毒莴苣果（付卫东　摄）

毒莴苣和莴苣的形态特征比较表

形态	毒莴苣	莴苣
茎	单生，直立	茎上部分枝
叶	叶灰绿色，互生，无柄，中脉带白色	基生叶及下部茎生叶不裂，倒披针形、椭圆形或椭圆状倒披针形，无柄，基部心形或箭头状半抱茎，边缘波状或有细锯齿；叶两面无毛
花	头状花序，着生于植株顶端，内含舌状小花多数	头状花序排成圆锥花序；总苞果期卵球形，总苞片5层，背面无毛，最外层宽三角形，外层三角形或披针形，中层披针形或卵状披针形，内层线状长椭圆形
果	瘦果暗红棕色或瓦灰色，喙明显	瘦果倒披针形，浅褐色，每面有6～7条细脉纹，顶端喙细丝状，长约4 mm

【**主要危害**】 由于花数多、花期长、传粉率高，繁殖力很强。全株有毒，人类和牲畜误食可能中毒。该植物含有麻醉剂的成分，普通剂量易引起嗜睡而过多则引起焦虑不安，如果太过量则会导致死亡。抢食农作物养分，降低农作物的产量和质量，对农业生产和经济发展产生不良影响。

20 黄顶菊

【学名】黄顶菊 *Flaveria bidentis*（L.）Kuntze 隶属菊科 Asteraceae 黄顶菊属 *Flaveria*。

【别名】二齿黄菊。

【起源】墨西哥。

【分布】南美洲、北美洲、非洲、欧洲和亚洲。中国分布于河北、天津、山东、河南及山西等地。

【入侵时间】2001 年首次在天津发现。

图 20.1　黄顶菊植株
（张国良 摄）

【入侵生境】生长于靠近河、溪旁的水湿处、弃耕地以及街道附近、村旁、道旁、渠旁或堤旁，尤其喜欢富含矿物质及盐分的环境。

【形态特征】一年生草本植物，植株高 0.2～1 m，最高可达 3 m（图 20.1）。

根 根系发达，耐贫瘠、抗逆性强。

茎 茎直立，常带紫色，被微茸毛（图 20.2）。

图 20.2　黄顶菊茎（①王忠辉 摄，②郑浩 摄）

20 黄顶菊

叶 叶交互对生，亮绿色，长 5 ～ 12（18）cm，宽
1 ～ 2.5（7）cm，无毛或密被短柔毛，披针状椭圆
形，具锯齿或刺状锯齿，多数叶具 0.3 ～ 1.5 cm 长的
叶柄，叶柄基部近于合生，茎上部叶片无柄或近无柄
（图 20.3）。

图 20.3　黄顶菊叶（王忠辉　摄）

花 头状花序多数于主枝及分枝顶端密集成蝎尾状聚伞花序；总苞长圆形，具棱，长约 5 mm，黄绿色；总苞片 3 或 4，内凹，先端圆或钝，小苞片 1～2；边缘小花，花冠短，长 1～2 mm，黄白色。舌片不突出或微突出于闭合的小苞片外，直立，斜卵形，先端尖，长约 1 mm 或较短；盘花（2）3～8 枚，花冠长约 2.3 mm，冠通常约 0.8 mm，檐部长约 0.8 mm，漏斗状，裂片长约 0.5 mm，先端尖；花药长约 1 mm（图 20.4）。

图 20.4 黄顶菊花（付卫东 摄）

20 黄顶菊

果 果实为瘦果，黑色，稍扁，倒披针形或近棒状，无冠毛，果实上部稍宽，中下部渐窄，基部较尖；果实表面具 10 条纵棱，棱间较平，面上具细小的点状突起；直径可达 0.7 ～ 0.8 mm；边花果长约 2.5 mm，较大，心花果约 2 mm，较小；果脐位于果实的基部，小，果脐外围可见淡黄色的附属物（图 20.5）。

图 20.5　黄顶菊瘦果（①王忠辉 摄，②郑浩 摄）

【**主要危害**】一株黄顶菊能产数万至十万粒种子。根系能产生一种化感物质，可抑制其他植物的生长，并最终导致其死亡（图20.6至图20.11）。

图20.6　黄顶菊危害玉米地（张国良　摄）

图20.7　黄顶菊危害花生地（韩颖　摄）

图 20.8 黄顶菊危害田边地头（张国良 摄）

图 20.9 黄顶菊危害林地（张瑞海 摄）

图 20.10　黄顶菊危害路边（郑浩　摄）

图 20.11　黄顶菊危害沟渠（郑浩　摄）

21 薇甘菊

【学名】薇甘菊 *Mikania micrantha* H. B. K. 隶属菊科 Asteraceae 假泽兰属 *Mikania*。

【别名】小花假泽兰、米干草、山瑞香。

【起源】中美洲。

【分布】广泛分布于亚洲和大洋洲的热带地区。中国分布于广东、广西、福建、海南及云南等地。

【入侵时间】大约 1919 年在香港出现，1984 年在深圳发现。

【入侵生境】常见于被破坏的林地边缘、荒弃农田、疏于管理的果园、水库岸边和沟渠或河道两侧。

【形态特征】攀缘多年生草本植物（图 21.1，图 21.2）。

图 21.1 薇甘菊单株植株
（付卫东 摄）

图 21.2 薇甘菊植株（付卫东 摄）

根 薇甘菊的根生物量大，茎节乃至节间都能长出不定根（图 21.3）。

图 21.3 薇甘菊不定根（付卫东 摄）

21 薇甘菊

茎 茎细长，多分枝，被短柔毛或近无毛；幼时绿色，近圆柱形；老茎淡褐色，具多条肋纹（图21.4）。

图 21.4　薇甘菊茎（付卫东　摄）

叶 叶对生，成熟叶片三角状卵形至卵形，基部心形，偶近戟形，先端渐尖；长 4 ～ 13 cm，宽 2 ～ 9 cm；基出 3 ～ 7 脉，边缘具数个粗齿或浅波状圆锯齿，两面近乎无毛；叶柄长 2 ～ 8 cm，基部具环状物或狭小近膜质的托叶；上部的幼叶渐小，叶柄也短（图 21.5）。

图 21.5　薇甘菊叶（①付卫东 摄，②张国良 摄）

21 薇甘菊

花 头状花序，长 4.5 ～ 6 mm，含小花 4 朵，全为结实的两性花，在枝端排成复伞房花序状；花序梗纤细，长 2 ～ 5 mm；总苞片 4 枚，绿色，狭长椭圆形，顶端渐尖，部分急尖，长 2 ～ 4.5 mm；总苞基部有一线状椭圆形的小苞叶（外苞片），长 1 ～ 2 mm；花冠白色，细长管状，长 3 ～ 3.5（4）mm，檐部钟状，5 齿裂；花有香气（图 21.6）。

图 21.6　薇甘菊花（付卫东　摄）

果 瘦果长 1.5～2 mm，白色，被毛，具 5 棱，被腺体，冠毛有 32～38（40）条刺毛组成，白色，长 2～3.5（4）mm（图 21.7）。

图 21.7　薇甘菊果（付卫东　摄）

21 薇甘菊

薇甘菊和假泽兰的形态特征比较表

形态	薇甘菊	假泽兰
茎	常被暗白色柔毛	被短柔毛或几无毛
叶	卵形，基部戟形或心脏形，表面常被暗白色柔毛	卵形，基部不为戟形，两面疏被短柔毛
头状花序	长 4～6 mm	长 6～9 mm
总苞片	线形，披针形，锐尖，绿色至禾秆色，长 2～4.5 mm	狭长椭圆形，尖端收缩成短尖头，长 5～7 mm
花冠	白色，长 3～3.5（4）mm	白色或微黄色，长 3.5～5 mm
冠毛	白色，32～38（40）条	灰白色至红褐，40～45 条
瘦果	长 1.5～2 mm，有腺点	长 2～3.5 mm，有腺点

【**主要危害**】薇甘菊因其生长迅速又叫"一日千里"，还称"植物杀手"。借助其超强的繁殖能力和攀缘能力，在攀爬灌木和乔木之后，能迅速形成整株覆盖之势，并能分泌化感物质，抑制其他植物生长；植物被全部覆盖后，会因光合作用受到破坏而窒息死亡（图 21.8 至图 21.10）。

图 21.8 薇甘菊入侵河滩（付卫东 摄）

图 21.9　薇甘菊入侵林地（付卫东　摄）

图 21.10　薇甘菊危害环境（张国良　摄）

22 银胶菊

【学名】银胶菊 *Parthenium hysterophorus* L. 隶属菊科 Asteraceae 银胶菊属 *Parthenium*。

【别名】满天星。

【起源】美国和墨西哥。

【分布】广布于世界热带地区。中国分布于广东、广西、海南、云南、贵州、四川、福建、湖南、山东及辽宁等地。

【入侵时间】1926 年入侵云南。

【入侵生境】生长于海岸附近到海拔 1 500 m 的空旷地、路旁、河边、荒地、草地、果园或耕地等生境。

【形态特征】植株高 60～100 cm,为一年生草本植物（图 22.1）。

图 22.1　银胶菊植株
（张国良　摄）

22 银胶菊

根 直立有须根，深根系（图 22.2）。

图 22.2 银胶菊根（付卫东 摄）

茎 茎直立，基部直径约 5 mm，茎多分枝，具条纹，被短柔毛，节间长 2.5~5 cm（图 22.3）。

图 22.3 银胶菊茎（付卫东 摄）

叶 茎下部和中部叶二回羽状深裂，卵形或椭圆形，连叶柄长 10～19 cm，羽片 3～4 对，卵形，小羽片卵状或长圆状，常具齿，上面疏被基部疣状糙毛，下面毛较密柔软；上部叶无柄，羽裂，裂片线状长圆形，有时指状 3 裂（图 22.4）。

图 22.4 银胶菊叶（①②张国良 摄，③付卫东 摄）

22 银胶菊

花 头状花序多数，直径 3～4 mm，在茎枝顶端排成伞房状，花序梗长 3～8 mm，被粗毛；总苞宽钟形或近半球形，直径约 5 mm，总苞片 2 层，每层 5，外层卵形，背面被柔毛，内层较薄，近圆形，边缘近膜质，上部被柔毛；舌状花 1 层，5 个，白色，舌片卵形或卵圆形，先端 2 裂；管状花多数，檐部 4 浅裂，具乳突；雄蕊 4（图 22.5）。

果 瘦果倒卵形，干时黑色，长约 2.5 mm。

图 22.5　银胶菊花（付卫东 摄）

银胶菊和灰白银胶菊的形态特征比较表

形态	银胶菊	灰白银胶菊
茎	茎多分枝，被柔毛	茎直立或弯曲，被灰白色短茸毛，幼枝的毛较密而紧贴
叶	茎下部和中部叶二回羽状深裂，卵形或椭圆形；上部叶无柄，羽裂，裂片线状长圆形，有时指状3裂	披针形或匙形或椭圆形，基部渐狭，下延成翅柄，顶端短尖，边缘有疏齿或深裂成1～4对裂片，两面密被银灰色茸毛，常下面的毛较密，离基三出脉，有时在中上部从中脉两侧发出1～2对极细弱的侧脉，中脉明显，网脉不明显
花	头状花序多数，总苞宽钟形或近半球形，舌状花1层，管状花多数	头状花序较多或多数，直径约6mm；花序梗长5～15mm，密被粗毛；总苞阔钟状，直径约6mm，长4mm；总苞片2层，各5个，外层叶状，绿色，卵形；舌状花1层，5个，淡黄色，长约2mm，无毛；管状花较多，长约3mm，檐部5浅裂
果	瘦果倒卵形，黑色	瘦果略扁，倒圆锥形，长约3mm，宽1.5～1.8mm

【主要危害】 对其他植物有化感作用，还可引起人类和家畜的过敏性皮炎。吸入该植物有毒性的花粉可造成过敏，直接接触则可引起皮肤发炎、红肿等症状。侵入农田可造成农作物减产（图22.6，图22.7）。

图 22.6　银胶菊入侵公路边（付卫东　摄）

图 22.7　银胶菊入侵林地（张国良　摄）

23 野茼蒿

【学名】野茼蒿 *Crassocephalum crepidioides*（Benth.）S. Moore 隶属菊科 Asteraceae 野茼蒿属 *Crassocephalum*。

【别名】革命菜、野地黄菊、安南菜、飞花菜。

【起源】非洲热带地区。

【分布】中国分布于云南、四川、重庆、湖北、贵州、广东、广西、海南、江西、浙江、福建、台湾、香港、澳门、西藏及甘肃等地。

【入侵时间】20 世纪 30 年代从中南半岛入侵中国南方。

【入侵生境】生长于农田、林地、山坡、路旁、水边或灌丛中等生境。

【形态特征】一年生直立草本植物，植株可达 120 cm（图 23.1）。

图 23.1 野茼蒿植株
（付卫东 摄）

23 野茼蒿

根 根系发达，密布细根，浅层根居多（图 23.2）。

图 23.2 野茼蒿根（付卫东 摄）

茎 直立，高 20 ~ 120 cm，茎有纵条棱，少分枝或不分枝，无毛或被稀疏短柔毛。（图 23.3）。

图 23.3 野茼蒿茎（付卫东 摄）

23 野茼蒿

叶 无毛叶膜质，椭圆形或长圆状椭圆形，长 7 ～ 12 cm，宽 4 ～ 5 cm，顶端渐尖，基部楔形，边缘有不规则锯齿或重锯齿，或有时基部羽状裂，两面无或近无毛；叶柄长 2 ～ 2.5 cm（图 23.4）。

图 23.4 野茼蒿叶（付卫东 摄）

花 头状花序数个，在茎端排成伞房状，直径约 3 cm，总苞钟状，长 1～1.2 cm，基部截形，有数枚不等长的线形小苞片；总苞片 1 层，线状披针形，等长，宽约 1.5 mm，具狭膜质边缘，顶端有簇状毛，小花全部管状，两性，花冠红褐色或橙红色，檐部 5 齿裂，花柱基部呈小球状，分枝，顶端尖，被乳头状毛。花期 7—12 月（图 23.5）。

图 23.5　野茼蒿花（付卫东 摄）

果 瘦果狭圆柱形，赤红色，有肋，被毛；冠毛极多数，白色，绢毛状，易脱落。

【主要危害】 荒地常见杂草，分泌化感物质，对周围植物生长产生影响。危害蔬菜、甘蔗及花卉，也危害农田、果园、茶园、绿地和苗圃。

24 钻叶紫菀

【学名】 钻叶紫菀 *Aster subulatus* Michx. 隶属菊科 Asterace-ae 紫菀属 *Aster*（图 24.1）。

【别名】 钻形紫菀、剪刀菜、燕尾来。

【起源】 北美洲。

【分布】 中国分布于安徽、澳门、北京、福建、广东、广西、贵州、河北、河南、湖北、湖南、江苏、江西、辽宁、山东、上海、四川、台湾、天津、香港、云南、浙江及重庆等地。

图 24.1 钻叶紫菀植株（付卫东 摄）

【入侵时间】1827 年在澳门发现，1947 年在湖北武昌发现。

【入侵生境】喜湿但耐干旱，入侵农田、园林绿地、山坡、荒地、草地及路旁。

【形态特征】株高 25 ～ 100 cm，一年生草本植物。

根 主根圆柱状，向下渐狭，长 5 ～ 17 cm，粗 2 ～ 5 mm，具多数侧根和纤维状细根。

茎 植株高（8）20 ～ 100（150）cm。茎单一，直立，基部直径 1 ～ 6 mm，自基部或中部或上部具多分枝，茎和分枝具粗棱，光滑无毛，基部或下部或有时整个带紫红色（图 24.2）。

图 24.2　钻叶紫菀茎（付卫东 摄）

叶 基生叶在花期凋落；茎生叶多数，叶片披针状线形，极稀狭披针形，长 2 ～ 10（15）cm，宽 0.2 ～ 1.2（2.3）cm，先端锐尖或急尖，基部渐狭，边缘通常全缘，稀有疏离的小尖头状齿，两面绿色，光滑无毛，中脉在背面凸起，侧脉数对，不明显或有时明显，上部叶渐小，近线形，全部叶无柄（图 24.3）。

图 24.3 钻叶紫菀叶（付卫东 摄）

花 头状花序极多数，直径 7～10 mm，于茎和枝先端排列成疏圆锥状花序；花序梗纤细、光滑，具 4～8 枚钻形、长 2～3 mm 的苞叶；总苞钟形，直径 7～10 mm；总苞片 3～4 层，外层披针状线形，长 2～2.5 mm，内层线形，长 5～6 mm，全部总苞片绿色或先端带紫色，先端尖，边缘膜质，光滑无毛。雌花花冠舌状，舌片淡红色、红色、紫红色或紫色，线形，长 1.5～2 mm，先端 2 浅齿，常卷曲，管部极细，长1.5～2 mm；两性花花冠管状，长 3～4 mm，冠檐狭钟状筒形，先端 5 齿裂，冠管细，长 1.5～2 mm（图 24.4）。

图 24.4　钻叶紫菀花（付卫东 摄）

果 瘦果线状长圆形，长 1.5 ～ 2 mm，稍扁，具边肋，两面各具 1 肋，疏被白色微毛；冠毛 1 层，细而软，长 3 ～ 4 mm（图 24.5）。

图 24.5　钻叶紫菀果（付卫东　摄）

【**主要危害**】一般杂草，危害棉花和大豆等农作物，也危害园林绿地及苗圃等，影响景观生态（图 24.6）。

图 24.6　钻叶紫菀危害河岸（付卫东　摄）

25 节节麦

【学名】节节麦 *Aegilops tauschii* Coss. 隶属禾本科 Poaceae 山羊草属 *Aegilops*。

【别名】粗山羊草。

【起源】原产于亚洲西部。

【分布】中国分布于陕西、河南、山东及江苏等地。

【入侵时间】属于有意引进的物种，1959年出版的《中国主要植物图说——禾本科》有记载。

【入侵生境】耐干旱，适应性强，是旱地、草地及麦田的常见杂草。

【形态特征】秆高20～40 cm，为一年生草本植物（图25.1）。

图 25.1 节节麦植株
（李香菊 摄）

农业主要外来入侵植物图谱（第一辑）

根 须根细弱。

茎 秆少数丛生，叶鞘包茎，无毛，边缘具纤毛。

叶 叶舌薄膜质，长 0.5～1 mm；叶片宽约 3 mm，微粗糙，上面疏被柔毛（图 25.2）。

图 25.2 节节麦幼苗（李香菊 摄）

花 穗状花序圆柱形，连芒长约 10 cm，具（5）7～10
（13）小穗；穗轴具凹陷，成熟时逐节断落；小穗圆柱
形，嵌于穗轴凹陷内，长约 9 mm，具 3～4（5）朵
小花。

果 颖长圆形，长 4～6 mm，革质，7～9 脉，或 10
脉以上，先端平截或具 2 齿，齿均钝圆突头，下部不收
缩（图 25.3）。

图 25.3　节节麦种子（李香菊　摄）

节节麦和两芒山羊草的形态特征比较表

形态	节节麦	两芒山羊草
茎	秆少数丛生	秆高 30～40 cm，直径约 1.5 mm，具 3～5 节，光滑无毛
叶	叶鞘包茎，无毛，边缘具纤毛，叶舌薄膜质	叶鞘短于节间，紧密包茎；叶舌膜质，长不及 1 mm；叶片长 4～7 cm，顶生者长约 2 cm，宽约 2 mm，两面疏生白毛
花	穗状花序圆柱形	穗状花序长 3～7 cm（连同芒），宽 5～6 mm；穗轴扁平，长 6～8 mm；小穗常含 2 朵小花；颖近于矩形，长 6～7 mm，宽约 3 mm，具 6～7 脉，脉上具细小刺毛，顶端具 2 芒，芒长 3～5 cm；外稃长 7～8 mm，具 5 脉，顶端有 3 裂齿，齿长 1～3 mm；内稃沿两脊具纤毛
果	颖长圆形	颖近于矩形，长 6～7 mm，宽约 3 mm，具 6～7 脉，脉上具细小刺毛，顶端具 2 芒，芒长 3～5 cm；外稃长 7～8 mm，具 5 脉，顶端有 3 裂齿，齿长 1～3 mm；内稃沿两脊具纤毛

【**主要危害**】节节麦是麦田最主要的杂草之一，也经常发生于湿润的玉米、大豆、棉花和甘蔗等秋熟旱作物田地。在中国主要小麦产区农田几乎均有发生。

26 少花蒺藜草

【学名】少花蒺藜草 *Cenchrus spinifex* Cav. 隶属禾本科 Poaceae 蒺藜草属 *Cenchrus*。

【别名】刺蒺藜草、草狗子、草蒺藜等。

图 26.1　少花蒺藜草植株
　　　（张国良　摄）

【起源】原产于北美洲及热带沿海地区的沙质土壤上。

【分布】中国主要分布于辽宁西北部、内蒙古东部及吉林南部。

【入侵时间】20 世纪 40 年代在中国被发现，1990 年出版的《中国植物志》第 10 卷第 1 分册有记载。

【入侵生境】生长于林地、草地、牧场、耕地、果园、路边或荒地等生境，以沙质土壤为主。

【形态特征】植株高 15 ～ 100 cm，为一年生草本植物（图 26.1）。

根 须根，分布在 5~20 cm 的土层里，具沙套（图 26.2）。

图 26.2 少花蒺藜草根（付卫东 摄）

茎 秆扁圆形，中空，基部屈膝或横卧地面而于节上生根，分蘖成丛，下部各节常分枝（图 26.3）。

图 26.3 少花蒺藜草茎（付卫东 摄）

叶 叶鞘压扁、无毛，或偶尔有茸毛；叶狭长（和稻叶很像），叶长 3 ～ 28 cm，叶宽 3 ～ 7.2 mm，两面无毛（图 26.4）。

图 26.4　少花蒺藜草叶（付卫东 摄）

花 总状花序顶生，长 3 ～ 10 cm，穗轴粗糙；小穗 2 ～ 6 个，包藏在由多数不育小枝形成的球形刺苞内，椭圆状披针形，渐尖，长 4.5 ～ 7 mm，含有 2 朵小花。刺苞总梗密被短毛（图 26.5）。

图 26.5　少花蒺藜草小穗（付卫东 摄）

果 颖果几呈球形，长 2.7~3 mm，宽 2.4~2.7 mm，黄褐色或黑褐色；顶端具残存的花柱，背面平坦，腹面凸起；脐明显，深灰色（图 26.6）。

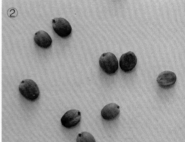

图 26.6　少花蒺藜草刺苞和颖果（①付卫东 摄，②王忠辉 摄）

少花蒺藜草和蒺藜草的形态特征比较表

形态	少花蒺藜草	蒺藜草
根	根须状，具沙套	须根较粗壮
茎	秆扁圆形，中空，分蘖成丛	秆高约 50 cm，基部膝曲或横卧地面而于节处生根，下部节间短且常具分枝
叶	叶狭长，两面无毛	叶鞘松弛，压扁具脊，上部叶鞘背部具密细疣毛；叶舌短小，具长约 1 mm 的纤毛；叶片线形或狭长披针形，质较软，上面近基部疏生长约 4 mm 的长柔毛或无毛

续表

形态	少花蒺藜草	蒺藜草
花	总状花序顶生	总状花序直立，长 4～8 cm，宽约 1 cm；刺苞呈稍扁圆球形，长 5～7 mm，宽与长近相等，刺苞背部具较密的细毛和长绵毛，刺苞裂片于 1/3 或中部稍下处连合，刺苞基部收缩呈楔形，总梗密具短毛，每刺苞内具小穗 2～4（6）个，含 2 小花
果	颖果几呈球形，黄褐色或黑褐色	颖果椭圆状扁球形，长 2～3 mm，背腹压扁，种脐点状

【**主要危害**】少花蒺藜草入侵草场，抑制其他牧草生长，使草场品质下降，牧草产量降低。果实成熟后，其刺苞的刺非常坚硬，对羊群造成机械性损伤，使羊群不同程度地发生乳腺炎、阴囊炎及跛行。羊取食后容易刺伤口腔形成溃疡，刺破肠胃黏膜并被结缔组织包被形成草结，影响正常的消化吸收功能，严重时造成肠胃穿孔，引起死亡。同时羊全身布满少花蒺藜的刺苞，给养羊工作也带来了极大的不便，降低了工作效率。

少花蒺藜分布在田间，减少农产品产量，同时给农事操作带来很多不便，降低了农事操作效率，增加了投入成本（图 26.7 至图 26.10）。

图 26.7　少花蒺藜草入侵玉米地（付卫东　摄）

图 26.8　少花蒺藜草入侵草场（张瑞海　摄）

图 26.9　少花蒺藜草入侵林地（王忠辉　摄）

图 26.10　少花蒺藜草入侵大海边沙滩（付卫东　摄）

27 假高粱

【学名】假高粱 *Sorghum halepense*（L.）Pers. 隶属禾本科 Poaceae 蜀黍属 *Sorghum Moench*。

【别名】石茅高粱、宿根高粱、阿拉伯高粱、约翰逊草、琼生草、亚剌伯高粱。

【起源】原产于欧洲地中海东南部和亚洲叙利亚。

【分布】中国分布于台湾、广东、广西、海南、香港、福建、湖南、安徽、江苏、上海、辽宁、北京、河北、四川、重庆、云南、天津、北京、黑龙江、山东、河南及陕西等地。

【入侵时间】20 世纪初曾引种到台湾南部栽培，同一时期在香港和广东北部发现。

【入侵生境】主要分布在港口，公路边、公路边农田中及粮食加工厂附近，在铁路路基乱石堆中或非常板结的土壤中也能正常生长、抽穗、成熟，偶见在水田中也能生长。

【形态特征】成株茎秆直立，秆高 100 ～ 150 cm，直径约 5 mm。为多年生宿根性草本植物（图 27.1）。

图 27.1 假高粱植株（张朝贤 摄）

根茎 地下具匍匐根茎，根茎分布深度一般为 5~40 cm，最深可达 50~70 cm。根茎直径为 0.3~1.8 cm，一般 0.5 cm 左右。根茎各节除长有须根外，都有腋芽（图 27.2）。

图 27.2 假高粱根茎（张朝贤 摄）

叶 叶舌膜质，长 2~5 mm。叶片阔线形至线状披针形，长 20~70 cm，宽 1~4 cm，顶端长渐尖，基部渐狭，无毛，中脉白色粗厚，边缘粗糙（图 27.3）。

图 27.3　假高粱叶（张国良　摄）

27 假高粱

花 圆锥花序疏散，矩圆形或卵状矩圆形，长 10~50 cm，分枝开展，近轮生，在其基部与主轴交接处常有白色柔毛，上部常数次分出小枝，小枝顶端着生总状花序，穗轴与小穗轴纤细，两侧被纤毛。小穗孪生，穗轴顶节为 3 枚共生，无柄小穗两性，椭圆形，长 4.8~5.5 mm，宽 2.6~3 mm，成熟时为淡黄色带淡紫色，基盘被短毛，两颖近革质，具光泽，基部、边缘及顶部 1/3 具纤毛（图 27.4）。

 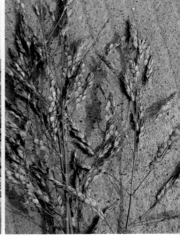

图 27.4　假高粱花（张国良　摄）

颖 颖等长或第 2 颖略长，背部皆被硬毛，或成熟时下半部毛渐脱落；第 1 颖顶端有微小而明显的 3 齿，上部 1/3 处具 2 脊，脊上有狭翼，翼缘有短刺毛；第 2 颖舟形，上部具 1 脊，无毛。第 1 小花外稃长圆状披针形，稍短于颖，透明膜质近缘有纤毛；第 2 小花外稃长圆形，长为颖的 1/3~1/2，透明，顶端微 2 裂，主脉由齿间伸出成芒，芒长 5~11 mm，膝曲扭转，也可全缘均无芒。内稃狭，长为颖的 1/2，有柄，小穗较窄，披针形，长 5~6 mm，稍长于无柄小穗，颖均草质，雄蕊 3，无芒。

颖果 颖果倒卵形，长 2.6~3.2 mm，宽 1.5~1.8 mm，棕褐色。顶端钝圆，具宿存花柱。背圆形，深紫褐色。腹面扁平。胚椭圆形或倒卵形，长占颖果的 1/3~1/2（图 27.5）。

图 27.5 假高粱颖果（来源：USDA, NRCS）

27 假高粱

【主要危害】假高粱根的分泌物或腐烂的叶、茎、根等，能抑制作物种子萌发和幼苗生长，妨碍农田、果园、茶园等的谷类作物、棉花、苜蓿、甘蔗、麻类等30多种作物生长，不仅使作物产量降低，还是高粱属作物的许多害虫和病害的寄主。此外，假高粱还具有一定毒性，苗期在高温干旱等不良条件下会产生氢氰酸，牲畜取食会发生中毒现象（图27.6）。

图 27.6　假高粱危害（张国良　摄）

28 毒麦

【学名】毒麦 *Lolium temulentum* L. 隶属禾本科 Poaceae 黑麦草属 *Lolium*。

【起源】原产于欧洲。

【分布】分布于地中海地区、欧洲、中亚、俄罗斯西伯利亚、高加索和安纳托利亚。中国除西藏和台湾外，各地都曾有过报道。

【入侵时间】1954 年从保加利亚进口的小麦中发现。

【入侵生境】生长于农田生境。

【形态特征】植株高 50～110 cm，为越年生或一年生草本植物（图 28.1）。

图 28.1　毒麦植株（周小刚 摄）

根 须根稀疏。

茎 幼茎部紫红色,后变成绿色;茎直立丛生,光滑无毛,坚硬,3～5节。

叶 叶鞘长于节间,疏散;叶舌长1～2 mm;叶片长10～25 cm,宽0.4～1 cm。

花 穗形总状花序长10～15 cm,宽1～1.5 cm;穗轴增厚,质硬,节间长0.5～1 cm,无毛;小穗具4～10朵小花,长0.8～1 cm,宽3～8 mm;小穗轴节间长1～1.5 mm,无毛;颖长0.8～1 cm,宽约2 mm,5～9脉,具窄膜质边缘;外稃长5～8 mm,椭圆形或卵形,成熟时肿胀,5脉,先端膜质透明,基盘微小,芒近外稃顶端伸出,长1.2～1.8 cm,粗糙;内稃约等长于外稃(图28.2)。

图 28.2　毒麦的穗(周小刚 摄)

果 颖果长 4 ～ 7 mm，为其宽的 2 ～ 3 倍，厚 1.5 ～ 2 mm（图 28.3）。

图 28.3　毒麦的颖果和种子（周小刚　摄）

毒麦和黑麦草的形态特征比较表

形态	毒麦	黑麦草
茎	秆高 20 ～ 120 cm，3 ～ 5 节	秆高 30 ～ 90 cm，3 ～ 4 节，基部节生根
叶	叶鞘长于节间，疏散	叶舌长约 2 mm；叶片线形，长 5 ～ 20 cm，宽 3 ～ 6 mm，有时具叶耳
花	穗形总状花序	穗形穗状花序长 10 ～ 20 cm，宽 5 ～ 8 mm；小穗轴节间长约 1 mm，无毛；颖披针形，为其小穗长 1/3，5 脉，边缘窄膜质；外稃长圆形，长 5 ～ 9 mm，5 脉，基盘明显，无芒，或上部小穗具短芒，第 1 外稃长约 7 mm；内稃与外稃等长
果	颖果长 4 ～ 7 mm	颖果长约为宽的 3 倍

28 毒麦

【主要危害】 毒麦分蘖力强，生于麦田中，严重影响小麦产量和品质。在毒麦籽粒中，颖果具有形成毒麦碱（$C_7H_{12}N_2O$）的菌丝，产生麻醉性毒素，人类和牲畜误食后都能中毒（图 28.4）。

图 28.4 毒麦危害小麦地（周小刚 摄）

29 野燕麦

【学名】野燕麦 *Avena fatua* L. 隶属禾本科 Poaceae 燕麦属 *Avena*。

【别名】乌麦、铃铛麦、燕麦草。

【起源】模式标本采自欧洲。

【分布】分布于欧、亚、非三大洲的温寒带地区，并且北美也有输入。中国南北方各地均有分布。

【入侵时间】19 世纪中叶曾先后在香港和福州采集到该物种标本。

【入侵生境】生长于荒芜田野或为田间杂草。

【形态特征】秆高可达 120 cm，为一年生草本植物（图 29.1）。

图 29.1 野燕麦植株
（周小刚 摄）

根 须根，较坚韧。

茎 秆直立，高 0.6 ~ 1.2 m，光滑无毛，具 2 ~ 4 节（图 29.2）。

图 29.2 野燕麦茎（周小刚 摄）

叶 叶鞘光滑或基部被微毛；叶舌膜质；长 1 ~ 5 mm；叶片长 10 ~ 30 cm，宽 0.4 ~ 1.2 cm，微粗糙，或上面和边缘疏生柔毛（图 29.3）。

图 29.3 野燕麦叶（周小刚 摄）

花 圆锥花序金字塔形，长 10～25 cm；分枝具棱角，粗糙；小穗具 2～3 朵小花，长 1.8～2.5 cm；小穗柄下垂，先端膨胀；小穗轴密生淡棕或白色硬毛，节脆硬易断落，第 1 节间长约 3 mm；颖草质，几相等，长 2.5 cm 以下，9 脉；外稃坚硬，第 1 外稃长 1.5～2 cm，背面中部以下具淡棕或白色硬毛，芒自稃体中部稍下处伸出，长 2～4 cm，膝曲，芒柱棕色，扭转，第 2 外稃有芒（图 29.4）。

图 29.4 野燕麦花（周小刚 摄）

野燕麦 29

果 颖果被淡棕色柔毛，腹面具纵沟，长 6～8 mm（图 29.5）。

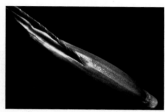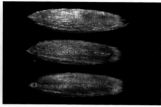

图 29.5　野燕麦颖果（周小刚　摄）

野燕麦和燕麦的形态特征比较表

形态	野燕麦	燕麦
茎	秆高60～120 cm，无毛，2～4节	秆高 70～150 cm
叶	叶鞘光滑或基部者被微毛	叶鞘无毛，叶舌膜质；叶片长 7～20 cm，宽 0.5～1 cm
花	圆锥花序金字塔形，长 10～25 cm；分枝具棱角，粗糙	圆锥花序顶生，开展，长达 25 cm，宽 10～15 cm；小穗具 1～2 朵小花，长 1.5～2.2 cm；小穗轴近无毛或疏生毛，不易断落，第 1 节间长不及 5 mm；颖质薄，卵状披针形，长 2～2.3 cm；外稃坚硬，无毛，5～7 脉，第 1 外稃长约 1.3 cm，无芒或背部有 1 较直的芒，第 2 外稃无芒；内稃与外稃近等长
果	颖果被淡棕色柔毛	颖果长圆柱形，长约 1 cm，黄褐色

农业主要外来入侵植物图谱（第一辑）

187

29 野燕麦

【主要危害】田间杂草，是危害小麦、青稞等农作物的农田恶性杂草之一。其消耗的水分比小麦多1倍，同时种子大量混杂于小麦粒内，使小麦的质量降低；也是小麦黄矮病病毒的寄主（图29.6）。

图 29.6 野燕麦危害青稞（周小刚 摄）

30 奇异䅟草

【学名】奇异䅟草 *Phalaris paradoxa* L. 隶属禾本科 Poaceae 䅟草属 *Phalaris*。

【分布】世界各大洲温暖地区均有分布。中国主要入侵地为云南。

【入侵时间】20 世纪 70 年代随麦类引种传入中国。

【入侵生境】生长于荒地或耕地等生境。

【形态特征】植株高可达 120 cm，一年生草本植物（图 30.1）。

图 30.1 奇异䅟草植株
（付卫东 摄）

30 奇异虉草

茎 丛生,茎秆直立,基部屈曲,高 30 ~ 120 cm(图 30.2)。

图 30.2 奇异虉草茎(付卫东 摄)

叶 叶舌长 2 ~ 3 mm,膜质,截头形;叶片长达 15 cm,宽 3 ~ 5 mm,线性,先端渐尖(图 30.3)。

图 30.3 奇异虉草叶(付卫东 摄)

花 圆锥花序紧密，长 2 ～ 9 cm，部分藏在上部叶鞘内；小穗有 6 ～ 7 个，簇生，成熟时整簇脱落；无柄的中间的为孕性穗，其余的 5 ～ 6 个为有柄的不孕小穗；孕性穗的颖长 5.5 ～ 8.2 mm，不孕小穗的颖长 9 mm，上部有翼，翼上有齿状突起（图 30.4）。

图 30.4 奇异虉草小穗（付卫东 摄）

30 奇异虉草

果 颖果椭圆形，深褐色，先端有宿存花柱，长2.5 mm，宽0.6 mm，厚约1.2 mm。胚长约为颖果的1/3。

奇异虉草和虉草的形态特征比较表

形态	奇异虉草	虉草
茎	基部屈曲	多年生，秆单生或少数丛生，高0.6～1.4 m，6～8节
叶	叶舌长2～3 mm，膜质，截头形；叶片长达15 cm，宽3～5 mm，线性，先端渐尖	叶鞘无毛，下部者长于节间，上部者短于节间，叶舌薄膜质，长2～3 mm；叶片平展，幼时粗糙，长6～30 cm，宽1～1.8 cm
花	圆锥花序紧密，长2～9 cm	圆锥花序紧密，长8～15 cm；分枝直，上举，密生小穗；小穗长4～5 mm，无毛或疏被毛；颖脊粗糙，上部有极窄的翼；可孕小花外稃宽披针形，长3～4 mm，上部被柔毛；内稃舟形，背具脊，脊两侧疏被柔毛；不孕小花外稃2枚，线形，被柔毛
果	颖果椭圆形，深褐色	长椭圆形，光滑

【**主要危害**】具有极强的分蘖能力和竞争能力，生长习性及其形态特征与入侵地麦类作物相近，常对入侵地冬春农作物特别是麦类作物的产量和品种造成严重影响（图 30.5）。

图 30.5　奇异蓇草危害农田（付卫东　摄）

31 水花生

【学名】水花生 *Alternanthera philoxeroides*（Mart.）Griseb. 隶属苋科 Amaranthaceae 莲子草属 *Alternanthera*。

【别名】空心莲子草、喜旱莲子草等。

【起源】原产于南美洲的巴拉圭、阿根廷、巴西等。

【分布】中国主要分布于四川、重庆、湖北、湖南、福建、广东、广西、海南、贵州、云南、江西、安徽、江苏、浙江、上海、甘肃、山西、陕西、河南、山东、香港、澳门及台湾等地。

【入侵时间】20 世纪 30 年代，作为马饲料引入上海郊区和浙江杭嘉平原；50 年代以来，各地作为猪饲料大面积引种，后逸为野生。

【入侵生境】生长于池沼、沟渠、河道、水田、鱼塘、湿地、果园、旱地、菜地或苗圃等生境。

【形态特征】水生型，植株的茎长达 1.5~2.5 m；陆生型，株高一般 30 cm。为多年生草本植物（图 31.1）。

图 31.1　水花生植株（付卫东　摄）

根 茎节生须根，可在陆地和水中生长。水生型，由茎节上形成须根，无根毛；陆生型，其根有根毛，具次生构造，次生生长可形成直径达 1 cm 左右的肉质储藏根（图 31.2）。

图 31.2　水花生根（付卫东　摄）

31 水花生

水生型，基部匍匐蔓于水中，端部直立于水面；茎节间有时可达 19 cm，直径为 5～14 mm；茎圆筒形，有分枝，光滑中空，髓空较大。陆生型，茎秆坚实，节间最长 15 cm，直径 3～5 mm，髓空较小（图 31.3）。

图 31.3　水花生茎（付卫东　摄）

叶 叶对生，长圆形、长圆状倒卵形或倒卵状披针形，长 2.5～5 cm，先端尖或圆钝，具短尖，基部渐窄，全缘，两面无毛或上面被平伏毛，下面具颗粒状突起；叶柄长 0.3～1 cm（图 31.4）。

图 31.4　水花生叶（付卫东 摄）

31 水花生

花 顶生头状花序具花序梗，花序柄长 3～4 cm，单生叶腋；花白色或有时粉红色，直径 8～15 mm；花被和苞片各 5 瓣，退化雄蕊 5 个，雄蕊雌化现象普遍，雌蕊子房中一般无发育成熟种子（图 31.5）。

图 31.5 水花生花（①付卫东 摄，②张国良 摄）

水花生和莲子草的形态特征比较表

形态	水花生	莲子草
茎	茎匍匐，具分枝，幼茎及叶腋被白或锈色柔毛，老时无毛	茎上升或匍匐，绿色或稍带紫色，有条纹及纵沟，沟内有柔毛，在节处有 1 行横生柔毛
叶	叶对生，长圆形、长圆状倒卵形或倒卵状披针形	叶条状披针形、长圆形、倒卵形、卵状长圆形，长 1～8 cm，先端尖或圆钝，基部渐窄，全缘或具不明显锯齿，两面无毛或疏被柔毛；叶柄长 1～4 mm

续表

形态	水花生	莲子草
花	头状花序具花序梗	头状花序1～4个，腋生，无花序梗，球形，果序圆柱形，直径3～6 mm；花序轴密被白色柔毛；苞片卵状披针形，长约1 mm；花被片卵形，长2～3 mm，无毛，具1脉；雄蕊3，花丝长约0.7 mm，基部连成杯状，花药长圆形；退化雄蕊三角状钻形；花柱极短
果	果实未见	胞果倒心形，长2～2.5 mm，侧扁，深褐色，包于宿存花被片内

【主要危害】可覆盖水面、堵塞航道、危害作物、滋生蚊蝇、排挤其他植物及破坏生态景观。因其大面积扩展蔓延，给种植业、淡水养殖业、水利业及水上航运业等带来了极其不利的影响，为当前亟待防除的一种重要杂草（图31.6至图31.8）。

图31.6 水花生入侵水稻田
（付卫东 摄）

图 31.7　水花生入侵林地（付卫东　摄）

图 31.8　水花生入侵沟渠（付卫东　摄）

32 长芒苋

【学名】长芒苋 *Amaranthus palmeri* S. Watson 隶属苋科 Amaranthaceae 苋属 *Amaranthus*。

【起源】原产于美国西部至墨西哥北部。

【分布】中国主要分布于北京、天津、山东、江苏、湖南、浙江及河南等地。

【入侵时间】1985 年 8 月首次在北京采到标本。

【入侵生境】生长于河岸低地、旷野及耕地等生境。

【形态特征】植株高 80 ~ 200 cm，浅绿色，为一年生草本植物（图 32.1）。

图 32.1　长芒苋植株
（张国良　摄）

32 长芒苋

根 根系深长。

茎 茎直立，粗壮，有棱，无毛或上部生短柔毛，有分枝（图 32.2）。

图 32.2 长芒苋茎（李香菊 摄）

叶 叶无毛，叶片倒卵形至菱状卵形（图 32.3）。

图 32.3 长芒苋叶（张国良 摄）

花 穗状花序，生于茎和侧枝顶端，直伸或略弯曲；苞片钻状披针形，长 4 ~ 6 mm，顶端芒刺状。雄花花被片 5，极不等长，长圆形，顶端急尖，最外面的花被片长约 5 mm，其余花被片长 3.5 ~ 4 mm，雄蕊 5 枚，短于内轮花被片。雌花花被片 5，极不等长，最外面 1 片倒披针形，长 3 ~ 4 mm，顶端急尖，其余花被片匙形，长 2 ~ 2.5 mm，顶端截形至微凹，上部边缘啮蚀状；花柱 2 或 3（图 32.4）。

图 32.4　长芒苋花（李香菊 摄）

图 32.5　长芒苋种子（张国良 摄）

图 32.6　长芒苋危害玉米地（张国良 摄）

果 果近球形，长 1.5 ～ 2 mm，包藏于存花被片内，果皮膜质，上部微皱，周裂。

种子 种子近圆形，长 1 ～ 1.2 mm，深红褐色，有光泽（图 32.5）。

【主要危害】 长芒苋植株高大，与农作物争夺肥水、光照和生存空间的能力很强，可导致农作物严重减产。还有，长芒苋植株体内富集硝酸盐，牲畜过量取食后会引起中毒（图 32.6）。

33 皱果苋

【学名】皱果苋 *Amaranthus viridis* L. 隶属苋科 Amaranthaceae 苋属 *Amaranthus*。

【别名】绿苋、野苋。

【起源】原产于热带美洲。

【分布】广泛分布于温带、亚热带和热带地区。中国分布于东北、华北、华东、华南及西南等地。

【入侵时间】1964 年在中国台湾发现。

【入侵生境】生长于住宅旁和蔬菜地，为常见的住宅旁杂草。

【形态特征】植株高 40～80 cm，为一年生草本植物（图 33.1）。

图 33.1 皱果苋植株（付卫东 摄）

33 皱果苋

根 直根系，有少许侧根（图 33.2）。

图 33.2　皱果苋根（付卫东　摄）

茎 全体无毛；茎直立，有不显明棱角，稍有分枝，绿色或带紫色（图 33.3）。

图 33.3　皱果苋茎（付卫东　摄）

叶 叶片卵形、卵状矩圆形或卵状椭圆形，长 3 ～ 9 cm，宽 2.5 ～ 6 cm，顶端尖凹或凹缺，少数圆钝，有 1 芒尖，基部宽楔形或近截形，全缘或微呈波状缘；叶柄长 3 ～ 6 cm，绿色或带紫红色（图 33.4）。

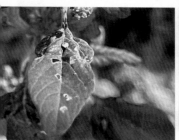

图 33.4　皱果苋叶（付卫东 摄）

花 圆锥花序顶生，长 6 ～ 12 cm，宽 1.5 ～ 3 cm，有分枝，由穗状花序形成，圆柱形，细长，直立，顶生花穗比侧生者长；总花梗长 2 ～ 2.5 cm；苞片及小苞片披针形，长不及 1 mm，顶端具凸尖；花被片矩圆形或宽倒披针形，长 1.2 ～ 1.5 mm，内曲，顶端急尖，背部有 1 绿色隆起中脉；雄蕊比花被片短；柱头 3 或 2。花期 6—8 月。

果 胞果扁球形，直径约 2 mm，绿色，不裂，极皱缩，超出花被片。种子近球形，直径约 1 mm，黑色或黑褐色，具薄且锐的环状边缘（图 33.5）。

图 33.5　皱果苋果（付卫东 摄）

长芒苋、白苋和皱果苋的形态特征比较表

形态	长芒苋	白苋	皱果苋
植株	高 80 ～ 200 cm，浅绿色	高达 50 cm	高达 80 cm，全株无毛
茎	有棱，无毛或上部生短柔毛，有分枝	茎基部分枝，分枝铺散，绿白色，无毛或被糙毛	稍分枝
叶	叶无毛，叶片倒卵形至菱状卵形	叶长圆状倒卵形或匙形，长 0.5 ～ 2 cm，先端圆钝或微凹，具穗状花序；苞片钻形，长 2 ～ 2.5 mm，稍坚硬，先端长锥尖；外曲，背面具龙骨	叶卵形、卵状长圆形或卵状椭圆形，长 3 ～ 9 cm，先端尖凹或凹缺，稀圆钝，具芒尖，基部宽楔形或近平截，全缘或微波状，叶面常有"V"字形白斑；叶柄长 3 ～ 6 mm

农业主要外来入侵植物图谱（第一辑）

续表

形态	长芒苋	白苋	皱果苋
花	穗状花序生于茎和侧枝顶端，直伸或略弯曲	花被片长 1 mm，稍薄膜状，雄花花被片长圆形，先端长渐尖，雌花花被片长圆形或钻形，先端短渐尖；雄蕊伸出；柱头 3 个	穗状圆锥花序顶生，长达 12 cm，圆柱形，细长，直立，顶生花穗较侧生者长；花序梗长 2～2.5 cm；苞片披针形，长不及 1 mm，具凸尖；花被片长圆形或宽倒披针形，长 1.2～1.5 mm；雄蕊较花被片短；柱头 3（2）个
果	果近球形	胞果扁平，倒卵形，长 1.2～1.5 mm，黑褐色，皱缩，环状横裂	胞果扁球形，直径约 2 mm，不裂，皱缩，露出花被片
种子	种子近圆形	种子近球形，直径约 1 mm，黑色或黑褐色，边缘锐	种子近球形，直径约 1 mm，黑或黑褐色，环状边缘薄且锐

【**主要危害**】 皱果苋是菜地和秋旱作物田间的杂草，危害玉米、大豆、棉花、薄荷和甘薯等，影响农作物和蔬菜产量。

34 刺苋

【学名】刺苋 *Amaranthus spinosus* L. 隶属苋科 Amarantha-ceae 苋属 *Amaranthus*。

【别名】簕苋菜、野苋菜、猪母菜。

【分布】中国分布于陕西、河北、北京、山东、河南、安徽、江苏、浙江、江西、湖南、湖北、四川、重庆、云南、贵州、广西、广东、海南、香港、福建及台湾等地。

【入侵时间】1836 年在澳门发现，1857 年在香港采集到该物种标本，1932 年出版的《岭南采药录》有记载。

【入侵生境】生长于空旷地、园圃或耕地等生境。

【形态特征】植株高 30 ～ 100 cm，为一年生草本植物（图 34.1）。

图 34.1 刺苋植株（周小刚 摄）

根 主根长圆锥形（图34.2）。

图34.2　刺苋根（付卫东　摄）

茎 茎直立，圆柱形或钝棱形，多分枝，有纵条纹，绿色或带紫色，无毛或稍有柔毛（图34.3）。

图34.3　刺苋茎（付卫东　摄）

34 刺苋

叶 叶片菱状卵形或卵状披针形，长 3～12 cm，宽 1～5.5 cm，顶端圆钝，具微凸头，基部楔形，全缘，无毛或幼时沿叶脉稍有柔毛；叶柄长 1～8 cm，无毛，在其旁有 2 刺，刺长 5～10 mm（图 34.4）。

图 34.4　刺苋叶（周小刚　摄）

花 圆锥花序，腋生及顶生，长 3～25 cm，下部顶生花穗常全部为雄花；苞片在腋生花簇及顶生花穗的基部者变成尖锐直刺，长 5～15 mm，在顶生花穗的上部者狭披针形，长 1.5 mm，顶端急尖，具凸尖，中脉绿色；小苞片狭披针形，长约 1.5 mm；花被片绿色，顶端急尖，具凸尖，边缘透明，中脉绿色或带紫色，在雄花者矩圆形，长 2～2.5 mm，在雌花者矩圆状匙形，长 1.5 mm；雄蕊花丝和花被片等长或较短；柱头 3 或 2（图 34.5）。

图 34.5 刺苋花（周小刚 摄）

果 胞果矩圆形，长 1 ～ 1.2 mm，在中部以下不规则横裂，包裹在宿存花被片内。

种子 种子近球形，直径约 1 mm，黑色或带棕黑色（图 34.6）。

图 34.6 刺苋种子（周小刚 摄）

34 刺苋

刺苋和反枝苋的形态特征比较表

形态	刺苋	反枝苋
植株	高 30～100 cm	高达 100 cm
茎	无毛或稍有柔毛	茎密被柔毛
叶	叶片菱状卵形或卵状披针形	叶菱状卵形或椭圆状卵形，长 5～12 cm，先端锐尖或尖凹，具小凸尖，基部楔形，全缘或波状，两面及边缘被柔毛，下面毛较密；叶柄长 1.5～5.5 cm，被柔毛
花	圆锥花序腋生及顶生	穗状圆锥花序，直径 2～4 cm，顶生花穗较侧生者长；苞片钻形，长 4～6 mm；花被片长圆形或长圆状倒卵形，长 2～2.5 mm，薄膜质，中脉淡绿色，具凸尖；雄蕊较花被片稍长；柱头（2）3 个
果	胞果矩圆形	胞果扁卵形，长约 1.5 mm，环状横裂，包在宿存花被片内
种子	种子近球形，直径约 1 mm	种子近球形，直径 1 mm

【**主要危害**】热带和亚热带地区常见杂草，常大量滋生危害旱作农田、蔬菜地及果园，局部地区危害较严重，严重消耗土壤肥力，成熟植株有刺因而清除比较困难，并伤害人类及牲畜。

35 水葫芦

【学名】水葫芦 *Eichhornia crassipes*（Mart.）Solms 隶属雨久花科 Pontederiaceae 凤眼莲属 *Eichhornia*。

【别名】凤眼蓝、凤眼莲、水浮莲。

【起源】原产于巴西。

【分布】中国广泛分布于华南、华中和华东等地区，尤其在云南、四川、湖南、湖北、江西、江苏、浙江、福建及台湾等地分布较广。

【入侵时间】1901 年从日本引入中国台湾，20 纪 50 年代作为猪饲料推广后逸生。

【入侵生境】在热带地区广泛分布，生长于河流、水塘、沟渠及稻田等生境。

【形态特征】植株直立、自由漂浮，高达 60 cm，为多年生宿根浮水草本植物（图 35.1）。

图 35.1 水葫芦植株
（付卫东 摄）

根 水葫芦根系发达，只有须根，须根上有很多根毛，丛生于茎基部，新根为蓝紫色，有的为白色，老根变棕黑色，须根垂于水中，一般长 10 ～ 20 cm（图 35.2）。

图 35.2　水葫芦根（付卫东 摄）

茎 茎极短，具长匍匐枝，匍匐枝淡绿色或带紫色，与母株分离后长成新的植株（图 35.3）。

图 35.3　水葫芦茎（付卫东 摄）

叶 叶基生，莲座状排列，5～10片，圆形、宽卵形或宽菱形，长4.5～14.5 cm，先端钝圆或微尖，基部宽楔形或幼时浅心形，全缘，具弧形脉，上面深绿色，光亮，质厚，两边微向上卷，顶端略向下翻卷；叶柄中部膨大成囊状或纺锤形，基部有鞘状苞片，长8～11 cm（图35.4）。

图 35.4　水葫芦叶（①张国良 摄，②③付卫东 摄）

35 水葫芦

花 花葶从叶柄基部的鞘状苞片腋内伸出，长 34 ～ 46 cm，具棱；穗状花序长 17 ～ 20 cm，常具 9 ～ 12 花；花被片基部合生成筒，近基部有腺毛，裂片 6，花瓣状，卵形、长圆形或倒卵形，紫蓝色，花冠近两侧对称，直径 4 ～ 6 cm，上方 1 裂片较大，长约 3.5 cm，四周淡紫红色，中间蓝色的中央有 1 黄色圆斑，余 5 片长约 3 cm，下方 1 裂片较窄；雄蕊 6，贴生花被筒，3 长 3 短，长的从花被筒喉部伸出，长 1.6 ～ 2 cm，短的生于近喉部，长 3 ～ 5 mm，花丝有腺毛，花药箭形，基着，2 室，纵裂，子房上位，长梨形，长 6 mm，3 室，中轴胎座，胚珠多数（图 35.5）。

图 35.5　水葫芦花（付卫东 摄）

果 蒴果卵圆形。

水葫芦和鸭舌草的形态特征比较表

形态	水葫芦	鸭舌草
植株	株高 20 ～ 60 cm	全株无毛，株高（6）12 ～ 35（50）cm
茎	茎极短，具长匍匐枝	根状茎极短，茎直立或斜上，具柔软须根
叶	叶基生，莲座状排列，5 ～ 10 片，圆形、宽卵形或宽菱形	叶基生和茎生，心状宽卵形、长卵形或披针形，长 2 ～ 7 cm，先端短突尖或渐尖，基部圆或浅心形，全缘，具弧状脉；叶柄长 10 ～ 20 cm，基部扩大成开裂的鞘，鞘长 2 ～ 4 cm，顶端有舌状体，长 0.7 ～ 1 cm
花	穗状花序长 17 ～ 20 cm，常具 9 ～ 12 朵花	总状花序，花通常 3 ～ 5（稀 10 余朵），蓝色；花被片卵状披针形或长圆形，长 1 ～ 1.5 cm；花梗长不及 1 cm；雄蕊 6，其中 1 枚较大，花药长圆形，其余 5 枚较小，花丝丝状
果	蒴果卵圆形	蒴果卵圆形或长圆形，长约 1 cm
种子	—	种子多数，椭圆形，长约 1 mm，灰褐色，具 8 ～ 12 纵条纹

35 水葫芦

【主要危害】 成片发生，覆盖大面积水面，影响水资源利用的各个方面，如堵塞河道、影响航运、阻碍排灌、降低水产品产量，给农业、水产养殖业、旅游业和电力行业等带来了极大的经济损失。与本地水生植物竞争光、水分、营养和生长空间，破坏本地水生生态系统，威胁本地生物多样性。同时植株可大量吸附重金属等有毒物质，死亡后沉入水底，构成对水质的二次污染。大面积覆盖水面，影响周围居民和牲畜生活用水，滋生蚊蝇，对人类健康构成威胁（图 35.6）。

图 35.6 水葫芦危害环境（ 付卫东 摄 ）

36 马缨丹

【学名】 马缨丹 *Lantana camara* L. 隶属马鞭草科 Verben-
aceae 马缨丹属 *Lantana*。

【别名】 五色梅、臭草。

【起源】 原产于美洲热带地区。

【分布】 热带地区均有分布。中国台湾、福建、浙江、
云南、四川、广东及广西有逸生。

【入侵时间】 明末由西班牙人引入台湾。

图 36.1 马缨丹植株（张国良 摄）

【入侵生境】 生长于海边沙滩，以及海拔 80～1 500 m 的旷野、荒地、河岸及山坡灌丛等生境。

【形态特征】 植株高 1～2 m，有时藤状，长达 4 m，为直立或蔓性灌木（图 36.1）。

茎 茎枝均呈四方形，有短柔毛，通常有短而倒钩状刺（图 36.2）。

图 36.2　马缨丹茎（张国良　摄）

叶 叶卵形或卵状长圆形，长 3 ～ 8.5 cm，先端尖或渐尖，基部心形或楔形，具钝齿，上面具触纹及短柔毛，下面被硬毛，侧脉约 5 对；叶柄长约 1 cm（图 36.3）。

图 36.3　马缨丹叶（张国良　摄）

花 花序直径 1.5～2.5 cm，花序梗粗，长于叶柄；苞片披针形；花萼管状，具短齿；花冠黄或橙黄色，花后深红色（图 36.4）。

图 36.4　马缨丹花（付卫东　摄）

果 果球形，直径约 4 mm，紫黑色（图 36.5）。

图 36.5　马缨丹果（①付卫东　摄，②张国良　摄）

马缨丹和蔓马缨丹的形态特征比较表

形态	马缨丹	蔓马缨丹（图36.6）
茎	茎枝常被倒钩状皮刺	枝下垂，被柔毛，长0.7～1 m
叶	叶卵形或卵状长圆形	叶卵形，长约2.5 cm，基部突然变狭，边缘有粗牙齿
花	花序直径1.5～2.5 cm，苞片披针形；花萼管状，具短齿；花冠黄或橙黄色，花后深红色	头状花序直径约2.5 cm，具长总花梗；花长约1.2 cm，淡紫红色；苞片阔卵形，长不超过花冠管的中部

【主要危害】 适应性强，已成为侵犯牧场、林场、茶园和橘园的恶性竞争者，其全株或残体可产生强烈的化感物质，对其他植物产生一定的生长抑制作用；破坏森林

图36.6 蔓马缨丹（付卫东 摄）

资源和生态环境，降低被入侵地区的物种多样性，也为牧场和林场中鼠类、野猪和有害昆虫等提供了藏身之处。全草有毒，牛、马、羊及狗取食其枝叶或种子，可引起中毒；茎枝的钩刺会挂伤过往行人。

37 大藻

【学名】大藻 *Pistia stratiotes* L. 隶属天南星科 Araceae 大藻属 *Pistia*。

【别名】水白菜、水浮莲等。

【分布】广泛分布于热带及亚热带地区。在中国福建、台湾、广东、广西和云南等地的热带地区野生，湖南、湖北、江苏、浙江、安徽、山东及四川等地也有栽培。

【入侵时间】明末引入中国，1590 年编撰的《本草纲目》有记载；20 世纪 50 年代作为猪饲料推广栽培。

【入侵生境】喜欢高温多雨的环境，适宜于在平静的淡水池塘、沟渠中生长，尤其喜欢富营养化的水体。

【形态特征】为水生漂浮草本植物（图 37.1）。

图 37.1　大藻植株（付卫东　摄）

根 有长而悬垂的根多数，须根羽状，密集（图 37.2）。

图 37.2　大藻根（付卫东　摄）

茎 茎节间短（图 37.3）。

图 37.3　大薸茎（付卫东 摄）

叶 叶簇生成莲座状，叶片常因发育阶段不同而形异；倒三角形、倒卵形、扇形，以至倒卵状长楔形，长1.3～10 cm，宽1.5～6 cm，先端截头状或浑圆，基部厚，二面被毛，基部尤为浓密；叶脉扇状伸展，背面明显隆起呈褶皱状（图37.4）。

图37.4 大薸叶（付卫东 摄）

花 佛焰苞白色，长0.5～1.2 cm，外被茸毛（图37.5）。

图37.5 大薸花（付卫东 摄）

37 大薸

果 浆果小，卵圆形，种子多数或少数，不规则断落；种子无柄，圆柱形，基部略窄，顶端近平截，中央内凹，外种皮厚，向珠孔增厚，形成珠孔的外盖，内种皮薄，向上扩大形成填充珠孔的内盖；胚乳丰富，胚小，倒卵圆形，上部具茎基（图37.6）。

图 37.6　大薸果（付卫东　摄）

【主要危害】大量的大薸覆盖于水面，能阻塞河道水渠，影响行洪、航运和农耕，可使水体中的溶解氧减少，抑制浮游生物生长，影响水产养殖，导致沉水植物死亡，危害水生生态系统；大薸死亡后的残体腐烂会对水体造成二次污染（图37.7）。

图 37.7　大薸危害环境（付卫东　摄）

38 刺萼龙葵

【学名】刺萼龙葵 *Solanum rostratum* Dunal 隶属茄科 Solanaceae 茄属 *Solanum*。

【别名】黄花刺茄。

【起源】原产于北美洲和美国西南部。

【分布】中国分布于辽宁（朝阳、阜新、锦州、铁岭、大连、沈阳）、吉林白城、河北张家口、北京密云、新疆（乌鲁木齐、石河子）、内蒙古（兴安盟、通辽、赤峰、乌兰察布、包头、锡林郭勒盟、呼和浩特）及山西大同。

【入侵时间】中国早在 1981 年在辽宁朝阳就有黄花刺茄分布的报道，1991 年出版的《辽宁植物志》有记载。

【入侵生境】生长于过度放牧的牧场和农田、瓜地、村落附近、路旁或荒地等生境，能适应温暖气候、沙质土壤，在干硬的土地和非常潮湿的耕地上也能生长。

【形态特征】植株高 15 ～ 70 cm，为一年生草本植物（图 38.1）。

图 38.1　刺萼龙葵植株（付卫东 摄）

根 直根系，主根发达，侧根较少，多须根（图 38.2）。

图 38.2　刺萼龙葵根（付卫东　摄）

茎 茎直立，多分枝，表面有毛，密生黄色硬刺，基部近木质（图38.3）。

图 38.3　刺萼龙葵茎（付卫东 摄）

叶 叶互生，叶片卵形或椭圆形，长 5～18 cm，宽 49 cm，不规则羽状深裂，部分裂片又羽状裂，表面有星状毛，两面脉上疏具刺；叶柄长 0.5～5 cm（图38.4）。

图 38.4　刺萼龙葵叶（付卫东 摄）

花 蝎尾状聚伞花序腋外生，具花 3 ~ 15 朵，花期花序轴伸长演变成总状花序；花萼密生长刺及星状毛；花冠黄色，5 深裂，直径 2 ~ 3.5 cm，外面密生星状毛；雄蕊 5 枚，下面 1 枚较大（图 38.5）。

图 38.5　刺萼龙葵花（付卫东 摄）

果 浆果球形，直径 1 ~ 1.2 cm，包被于增大宿存的带刺和星状毛的花萼内（图 38.6）。

图 38.6　刺萼龙葵果（付卫东　摄）

种子 种子近肾形，黑色，直径 2.5～3 mm，表面具蜂窝状凹坑（图 38.7）。

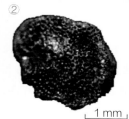

1 mm

图 38.7 刺萼龙葵种子（①付卫东 摄，②③曲波 提供）

刺萼龙葵和龙葵的形态特征比较表

形态	刺萼龙葵	龙葵
植株	植株高15～70 cm	植株高达1 m
茎	表面有毛	茎近无毛或被微柔毛
叶	叶互生，卵形或椭圆形，表面有星状毛，两面脉上疏具刺	叶卵形，长4～10 cm，先端钝，基部楔形或宽楔形，下延，全缘或具4～5对不规则波状粗齿，两面无毛或疏被短柔毛，叶脉5～6对；叶柄长2～5 cm
花	蝎尾状聚伞花序腋外生，花期花序轴伸长变成总状花序	伞形状花序腋外生，具3～6（10）朵花，花序梗长2～4 cm；花梗长0.8～1.2 cm，近无毛或被短柔毛；花萼浅杯状，直径2～3 mm，萼齿近三角形，长1 mm；花冠白色，长0.8～1 cm，冠檐裂片卵圆形；花丝长1～1.5 cm，花药长2.5～3.5 mm，顶孔向内，花柱长5～6 mm，中下部被白色茸毛
果	浆果球形	浆果球形，直径0.8～1 cm，黑色
种子	种子近肾形	种子近卵圆形，直径1.5～2 mm

【**主要危害**】 极耐干旱，并且蔓延速度很快，几乎到处都长，所到之处，一般会导致土地荒芜。其毛刺能伤害家畜。植物体能产生一种神经毒素茄碱，对家畜有毒，中毒症状为呼吸困难、虚弱和颤抖等。其果实对绵羊羊毛的产量具有破坏性的影响（图38.8至图38.11）。

图 38.8 刺萼龙葵入侵农田边缘（付卫东 摄）

图 38.9 刺萼龙葵入侵荒地（付卫东 摄）

图 38.10　刺萼龙葵入侵沟渠（付卫东　摄）

图 38.11　刺萼龙葵入侵草场（王忠辉　摄）

39 刺茄

【学名】刺茄 *Solanum touvum* Swartz 隶属茄科 Solanaceae
茄属 *Solanaceae*。

【别名】水茄、青茄、观赏茄等。

【起源】原产于美洲加勒比地区。

【分布】中国分布于西藏（墨脱）、云南、贵州、广西、
广东、海南、福建、江
西、香港、澳门及台湾。

【入侵时间】1827 年在澳
门发现。

【入侵生境】生长于路旁、
荒地、山坡灌丛、沟谷及
村庄附近潮湿处，海拔
$200 \sim 1\ 650m$。

【形态特征】植株高 1 ~
2（3）m，为一年生直立
草本植物或半灌木（图
39.1）。

图 39.1　刺茄植株（付卫东　摄）

根 根状茎粗壮，具小分枝和细根（图 39.2）。

图 39.2 刺茄根（付卫东 摄）

农业主要外来入侵植物图谱（**第一辑**）

茎 小枝、叶下面、叶柄及花序梗均被星状毛。小枝疏生基部宽扁的皮刺，皮刺淡黄色或淡红色，长 2.5 ～ 10 mm，宽 2 ～ 10mm，尖端略弯曲（图 39.3）。

图 39.3　刺茄茎（付卫东 摄）

叶 叶互生，羽状浅裂。叶卵形至椭圆形长 6 ～ 9 cm，宽 4 ～ 11（13）cm，先端尖，基部心形或楔形，两边不相等，边缘 5 ～ 7 浅裂或波状，下面灰绿，密被具柄星状毛；脉有刺或无刺；叶柄长 2 ～ 4 cm，具 1 ～ 2 枚皮刺或无刺（图 39.4）。

图 39.4　刺茄叶（付卫东 摄）

花 聚伞式圆锥花序腋外生；花梗长 5～10 mm，被腺毛及星状毛；花萼裂片卵状长圆形，长约 2 mm；花冠辐状，白色，直径约 1.5 cm，筒部隐于萼内，裂片卵状披针形，先端渐尖，外面被星状毛；花丝长约 1 mm，花药长 7 mm，顶孔向上。

果 浆果黄色，球形，直径 1～1.5 cm，无毛；果梗长约 1.5 cm，上部膨大。种子盘状，直径 1.5～2 mm（图 39.5）。

图 39.5 刺茄果（付卫东 摄）

【主要危害】易形成局部地区单优势种群，危及本地物种的生态多样性。

40 五爪金龙

【学名】 五爪金龙 Ipomoea cairica（L.）Sweet 隶属旋花科 Convolvulaceae 虎掌藤属 Ipomoea。

【别名】 槭叶牵牛、番仔藤、台湾牵牛花、掌叶牵牛、五爪龙。

【起源】 原产于非洲和亚洲。

【分布】 中国分布于广东、广西、云南（南部）、福建、海南、香港、澳门及台湾等地。

图 40.1 五爪金龙植株（付卫东 摄）

【入侵时间】1912 年 出版的 Flora of Kwangtong and Hongkong 中记载在香港已经归化。

【入侵生境】生 长 于 荒地、海岸边的矮树林、灌丛、人工林或山地次生林等生境。

【形态特征】为多年生草质藤本植物（图 40.1）。

农业主要外来入侵植物图谱（第一辑）

根 根向下肥大，肉质，白色或肉红色，老时根上具块根。

茎 幼苗为子叶出土型，主茎随着生长逐渐木质化，茎灰绿色，茎长达或超过5m，常有小瘤状突起，无毛或略粗糙，略具棱（图40.2）。

图 40.2　五爪金龙茎（付卫东 摄）

叶 叶掌状 5 深裂或全裂，裂片卵状披针形、卵形或椭圆形，中裂片较大，长 4～5 cm，宽 2～2.5 cm，两侧裂片稍小，顶端渐尖或稍钝，具小短尖头，基部楔形渐狭，全缘或不规则微波状，基部 1 对裂片通常再 2 裂；叶柄长 2～8 cm，基部具小的掌状 5 裂的假托叶（腋生短枝的叶片）（图 40.3）。

图 40.3　五爪金龙叶（付卫东　摄）

花 聚伞花序腋生，花序梗长 2～8 cm，具 1～3 朵花，或偶有 3 朵以上；苞片及小苞片均小，鳞片状，早落；花梗长 0.5～2 cm，有时具小疣状突起；萼片稍不等长，外方 2 片较短，卵形，长 5～6 mm，外面有时有小疣状突起，内萼片稍宽，长 7～9 mm，萼片边缘干膜质，顶端钝圆或具不明显的小短尖头；花冠紫红色、紫色或淡红色、偶有白色，漏斗状，长 5～7 cm，直径 3.6~7.5 cm；雄蕊不等长，花丝基部稍扩大下延贴生于花冠管基部以上，被毛；雌蕊内藏，子房 4 室，无毛，花柱纤细，长于雄蕊，柱头 2 球形（图 40.4）。

图 40.4　五爪金龙花（付卫东　摄）

40 五爪金龙

果 蒴果近球形，种子4个或较少，高约1 cm，2室，4瓣裂。

种子 种子暗褐色至黑色，呈不规则卵形，长约5 mm，边缘被褐色柔毛。

五爪金龙、七爪龙和树牵牛的形态特征比较表

形态	五爪金龙	七爪龙	树牵牛
植株	全体无毛	长达10 m	高1～3 m
根	老时根上具块根	根粗壮，稍肉质	—
茎	茎细长，有细棱	茎圆柱形，有细棱，无毛	小枝粗壮，圆柱形或有棱，散生皮孔，密被微柔毛，实心或中空，有白色乳汁
叶	叶掌状5深裂或全裂。	叶近圆形，长7～18 cm，掌状5～7深裂，裂片披针形或椭圆形，全缘或不规则波状；叶柄长3～11 cm	叶宽卵形或卵状长圆形，长6～25 cm，宽4～17 cm，全缘，两面密被微柔毛，背面近基部中脉两侧各有1枚腺体，侧脉7～9对，第3次脉稍平行连接；叶柄长2.5～15 cm

续表

形态	五爪金龙	七爪龙	树牵牛
花	聚伞花序腋生	聚伞花序腋生，具少花至多花，花序梗长2.5～20 cm；苞片早落；花梗长0.9～2.2 cm；外萼片长圆形，长7～9 mm，先端钝，内萼片宽卵形，长0.9～1 cm；花冠淡红或红紫色，漏斗状，长5～6 cm；雄蕊及花柱内藏	聚伞花序腋生或顶生，有花数朵或多朵，花序梗粗壮，长5～10 cm，被微柔毛或无毛；花梗长1～1.5 cm，被微柔毛；苞片小，卵形，早落；萼片近相等或内萼片稍长，卵形或近圆形，长5～6 mm，均被微柔毛；花冠漏斗状，淡红色，长7～9 cm，内面至基部深紫色，花冠管基部缢缩，花冠管和瓣中带外部被微柔毛；雄蕊和花柱内藏；雄蕊花丝不等长，基部扩大被毛；子房至花柱基部被微柔毛
果	蒴果近球形	蒴果卵球形，长1.2～1.4 cm，4瓣裂	蒴果卵形或球形，具小短尖头，高1.5～2 cm，基部被微柔毛，不完全的4室或2室，4瓣裂
种子	种子黑色	种子4，长约6 mm，被长绢毛，易脱落	种子4或较少，表面被绢状长柔毛

40 五爪金龙

【**主要危害**】五爪金龙抗逆性强，生长繁茂，大量侵占路旁、林缘、茶园、河岸、滩涂及垃圾场等生境形成单优群落，通过缠绕、覆盖等方式影响其他植物的生长发育，尤其在疏于管理的庭院更为多见，缠绕生长在庭院的篱笆、围栏、电线杆和电线以及大小灌木和乔木上，影响庭园的美观（图 40.5，图 40.6）。

图 40.5　五爪金龙危害环境（付卫东　摄）

图 40.6　五爪金龙危害树木（付卫东　摄）

41 含羞草

【学名】含羞草 *Mimosa pudica* L. 隶属豆科 Fabaceae 含羞草属 *Mimosa*。

【别名】感应草、知羞草、见笑草、夫妻草、害羞草等。

【起源】原产于热带美洲。

【分布】中国主要分布于华东、华南及西南的台湾、海南、香港、云南、广西、广东及福建等地。

【入侵时间】明末作为观赏植物引入华南地区,《南越笔记》有记载,称知羞草;最早于 1907 年在广东采集到该物种标本。

图 41.1　含羞草植株
（张国良　摄）

【入侵生境】生长于旷野、荒地、丛林、路边、果园或苗圃。

【形态特征】植株高 40～60 cm,为多年生披散亚灌木状草本植物（图 41.1）。

茎 茎圆柱状，多分枝，基部木质化，具散生钩刺及倒生刺毛（图41.2）。

图 41.2　含羞草茎（张国良 摄）

叶 叶柄长 1.5～4 cm；托叶披针形，有刺毛；叶为二回羽状复叶，羽片 2～4 枚，通常 4 枚（2 对），指状排列于总叶柄顶端，长 3～8 cm；小叶多数，小叶线状长圆形，10～20 对，长 8～13 mm，宽 1.5～2.5 mm，先端急尖，基部近圆形，略偏斜，边缘有疏生刚毛，无柄（图41.3）。

图 41.3　含羞草叶
（张国良 摄）

41 含羞草

花 头状花序圆球形，直径约 1 cm，具长花序梗，单生或 2～3 个生于叶腋，直径约 1 cm；花小，淡红色，多数；苞片线形，边缘有刚毛；花萼极小；花冠钟状，极小，裂片 4，外面被短柔毛；雄蕊 4，伸出花冠；子房有短柄，无毛，胚珠 3～4，花柱丝状，柱头小（图41.4）。

图 41.4　含羞草花（付卫东　摄）

果 荚果长圆形，长 1～2 cm，宽约 5 mm，扁平，稍弯曲，荚缘波状，顶端有喙，边缘波状并有刚毛，有 3～5 荚节，每节有 1 种子，成熟时荚节脱落，只剩下具有刺毛的荚缘（图 41.5）。

种子 种子卵形，长 3.5 mm，具小刺。

图 41.5　含羞草果（张国良　摄）

41 含羞草

形态	含羞草	巴西含羞草（图 41.6）	光荚含羞草（图 41.7）
植株	多年生草本或亚灌木	亚灌木状草本	落叶灌木
茎	具分枝、散生	茎攀缘或平卧，长达 60 cm，五棱柱状，沿棱上密生钩刺，其余被疏长毛	小枝无刺，密被黄色茸毛
叶	托叶披针形，被刚毛	二回羽状复叶，长 10～15 cm；总叶柄及叶轴有钩刺 4～5 列；羽片（4）7～8 对，长 2～4 cm；小叶（12）20～30 对，线状长圆形，长 3～5 mm，宽约 1 mm，被白色长柔毛	二回羽状复叶，羽片 6～7 对，长 2～6 cm，叶轴无刺，被短柔毛，小叶 12～16 对，线形，长 5～7 mm，宽 1～1.5 mm，革质，先端具小尖头，除边缘疏具缘毛外，余无毛，中脉略偏上缘
花	头状花序圆球形，具长花序梗	头状花序花时连花丝直径约 1 cm，1 或 2 个生于叶腋，总花梗长 5～10 mm；花紫红色，花萼极小，4 齿裂；花冠钟状，长 2.5 mm，中部以上 4 瓣裂，外面稍被毛；雄蕊 8 枚，花丝长为花冠的数倍；子房圆柱状，花柱细长	头状花序球形；花白色；花萼杯状，极小；花瓣长圆形，长约 2 mm，仅基部连合；雄蕊 8 枚，花丝长 4～5 mm

续表

形态	含羞草	巴西含羞草（图41.6）	光荚含羞草（图41.7）
果	荚果长圆形	荚果长圆形，长2～2.5 cm，宽4～5 mm，边缘及荚节有刺毛	荚果带状，劲直，长3.5～4.5 cm，宽约6 mm，无刺毛，褐色

图41.6 巴西含羞草（虞国跃 摄）

图41.7 光荚含羞草（张国良 摄）

41 含羞草

【主要危害】南方秋熟旱作物地和果园的常见杂草。全株有毒，有牛误食中毒死亡的报道（图 41.8）。

图 41.8　含羞草入侵环境（张国良　摄）

42 藤金合欢

【学名】藤金合欢 *Acacia concinna* (Willd.) DC. 隶属豆科 Fabaceae 金合欢属 *Acacia*。

【别名】南蛇公。

【起源】亚洲热带地区。

【分布】中国主要分布于广西、云南、江西、贵州、湖南及广东等地。

【入侵时间】不详。

【入侵生境】生长于海拔 440 ～ 2 200 m 的地区，多生长于疏林内以及灌丛中。

【形态特征】为攀缘藤本植物（图 42.1）。

图 42.1　藤金合欢植株（付卫东　摄）

42 藤金合欢

茎 攀缘藤本；小枝、叶轴被灰色短茸毛，有散生、多而小的倒刺（图 42.2）。

图 42.2　藤金合欢茎（付卫东　摄）

叶 托叶卵状心形，早落。二回羽状复叶，长 10 ～ 20 cm；羽片 6 ～ 10 对，长 8 ～ 12 cm；总叶柄近基部及顶部 1 ～ 2 对羽片之间有 1 个腺体；小叶 15 ～ 25 对，线状长圆形，长 8 ～ 12 mm，宽 2 ～ 3 mm，上面淡绿，下面粉白，两面被粗毛或变无毛，具缘毛；中脉偏于上缘（图 42.3）。

图 42.3　藤金合欢叶（付卫东 摄）

42 藤金合欢

花 头状花序球形，直径 9～12 mm，再排成圆锥花序，花序分枝被茸毛；花白色或淡黄，芳香；花萼漏斗状，长 2 mm；花冠稍突出（图 42.4）。

图 42.4　藤金合欢花（付卫东 摄）

果 荚果带形，长 8～15 cm，宽 2～3 cm，边缘直或微波状，干时褐色。种子 6～10 颗（图 42.5）。

图 42.5　藤金合欢果（付卫东 摄）

【主要危害】有较高的入侵性，影响生物多样性，植株含有毒丹宁酸，牲畜食后可导致死亡。

43 阔荚合欢

【学名】阔荚合欢 *Albizia lebbeck*（L.）Benth. 隶属豆科 Fabaceae 合欢属 *Albizia*。

【别名】印度合欢、缅甸合欢、大叶合欢。

【起源】原产于热带非洲。

【分布】中国分布于广东、广西、福建（厦门、漳州、泉州和莆田等）、云南及海南等地。

【入侵时间】中国台湾 1896 年引入栽培，最早于 1917 年在广东采集到该物种标本。

【入侵生境】生长于森林外围空旷地或灌木林中。

【形态特征】植株高 8～12 m，多年生乔木（图 43.1）。

图 43.1　阔荚合欢植株（付卫东　摄）

43 阔荚合欢

茎 树皮粗糙；嫩枝密被短柔毛，老枝无毛（图 43.2）。

图 43.2　阔荚合欢茎（付卫东 摄）

叶 二回羽状复叶；总叶柄近基部及叶轴上羽片着生处均有腺体；叶轴被短柔毛或无毛；羽片 2～4 对，长 6～15 cm；小叶 4～8 对，长椭圆形或略斜的长椭圆形，长 2～4.5 cm，宽（0.9）1.3～2 cm，先端圆钝或微凹，两面无毛或下面疏被微柔毛，中脉略偏于上缘（图43.3）。

图 43.3　阔荚合欢叶（付卫东 摄）

花 头状花序，直径 3 ～ 4 cm ；总花梗通常长 7 ～ 9 cm，1 至数个聚生于叶腋；小花梗长 3 ～ 5 mm ；花芳香，花萼管状，长约 4 mm，被微柔毛；花冠黄绿色，长 7 ～ 8 mm，裂片三角状卵形；雄蕊白色或淡黄绿色。

果 荚果带状，长 15 ～ 28 cm，宽 2.5 ～ 4.5 cm，扁平，麦秆色，光亮，无毛，常宿存于树上经久不落（图 43.4）。

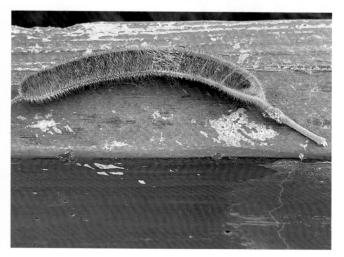

图 43.4　阔荚合欢果（付卫东 摄）

种子 种子 4 ~ 12 颗，椭圆形，长约 1 cm，棕色（图 43.5）。

图 43.5　阔荚合欢荚果和种子（付卫东 摄）

【主要危害】有较高的入侵性，影响生物多样性，植株含有毒丹宁酸，牲畜取食后可导致死亡。

44 银合欢

【学名】银合欢 *Leucaena leucocephala* (Lam.) de Wit 隶属豆科 Fabaceae 银合欢属 *Leucaena*。

【别名】百合欢。

【起源】原产于墨西哥。

【分布】中国分布于台湾、福建、广东、广西及云南。

【入侵时间】最早于 1918 年在福建采集到该物种标本。

【入侵生境】适宜种植在热带和亚热带地区。生长于低海拔的荒地或疏林中。

【形态特征】植株高 2 ～ 6 m，为灌木或小乔木（图 44.1）。

图 44.1　银合欢植株（付卫东　摄）

44 银合欢

茎 幼枝被短柔毛，老枝无毛，具褐色皮孔，无刺（图44.2）。

图 44.2　银合欢茎（付卫东 摄）

叶 托叶三角形，小。羽片 4.8 对，长 5 ～ 9（16）cm，叶轴被柔毛，在最下 1 对羽片着生处有黑色腺体 1 枚；小叶 5 ～ 15 对，线状长圆形，长 7 ～ 13 mm，宽 1.5 ～ 3 mm，先端急尖，基部楔形，边缘被短柔毛，中脉偏向小叶上缘，两侧不等宽（图 44.3）。

图 44.3 银合欢叶（付卫东 摄）

花 头状花序通常 1～2 个腋生，直径 2～3 cm；苞片紧贴，被毛，早落；总花梗长 2～4 cm；花白色；花萼长约 3 mm，顶端具 5 细齿，外面被柔毛；花瓣狭倒披针形，长约 5 mm，背被疏柔毛；雄蕊 10 枚，通常被疏柔毛，长约 7 mm；子房具短柄，上部被柔毛，柱头凹下呈杯状。花期 4—7 月。

果 荚果带状，长 10～18 cm，宽 1.4～3 cm，顶端凸尖，基部有柄，纵裂，被微柔毛。种子 6.25 颗，卵形，长约 7.5 mm，褐色，扁平，光亮（图 44.4）。

图 44.4　银合欢果（付卫东　摄）

【主要危害】银合欢含有含羞草素，抑制其他植物生长。易形成单优群落，会降低生物多样性。枝叶有弱毒性，牛、羊取食过量可导致皮毛脱落。

45 大爪草

【学名】大爪草 *Spergula arvensis* L. 隶属石竹科 Caryo-phyllaceae 大爪草属 *Spergula*。

【别名】地松草。

【起源】欧洲。

【分布】中国分布于黑龙江、云南（昆明）、贵州（盘州）及西藏。

【入侵时间】1972—1979年从墨西哥引进小麦种时夹带传入中国。

【入侵生境】生长于路边、河谷、荒地及湿润地等生境。

【形态特征】植株高可达 50 cm，为一年生草本植物（图 45.1）。

图 45.1　大爪草植株（付卫东 摄）

45 大爪草

茎 茎丛生，直立或斜升，分多枝，上部疏生腺毛（图 45.2）。

图 45.2　大爪草茎（付卫东 摄）

叶 叶无柄，假轮生，线形，长 1.5 ～ 4 cm，宽 0.5 ～ 0.7 mm，先端尖，无毛或疏被腺毛（图 45.3）。

图 45.3　大爪草叶（付卫东 摄）

花 聚伞花序；花小，白色；花梗细长；萼片卵形，长约 3 mm，被腺毛，边缘膜质；花瓣卵形，微长于萼片；雄蕊 10，短于萼片；花柱极短（图 45.4）。

果 蒴果卵圆形，直径约 4 mm，微长于宿萼；果柄下垂（图 45.4）。

图 45.4 大爪草花和果（付卫东 摄）

种子 种子灰黑色，近球形，稍扁，直径 1 ～ 2 mm，两面具乳头，边缘具狭翅。

【主要危害】 具有抗逆性强、繁殖快和适应性广的特点，危害多种旱地作物及草场，尤以马铃薯、荞麦和燕麦受害最重（图 45.5）。

图 45.5　大爪草危害农田（付卫东　摄）

46 刺果瓜

【学名】 刺果瓜 *Sicyos angulatus* L. 隶属葫芦科 Cucurbitaceae 刺果瓜属 *Sicyos*。

【别名】 刺果藤、棘（jí，吉）瓜、野生黄瓜、刺黄瓜。

【起源】 刺果瓜原产于北美洲北部和中部，早期被作为观赏植物或通过种子运输等途径扩散到欧洲、亚洲的部分国家和地区。

【分布】 中国分布于北京、河北张家口、辽宁大连及山东青岛。

【入侵时间】 1999 年在中国台湾、2002 年在河北、2003 年在辽宁大连和山东青岛及 2010 年在北京均发现刺果瓜。

【入侵生境】 生长于灌木丛、荒地、墙边、海岸、沼泽或路旁空地等生境。

【形态特征】 为一年生大型藤本植物（图 46.1）。

46 刺果瓜

图 46.1　刺果瓜植株（张国良　摄）

茎　茎长可达 5 ～ 6 m，具棱沟，最长可达 10 m 以上，具有纵向排列的棱槽，其上散生硬毛，在叶子着生处毛尤其多。通过分岔的卷须攀缘生长，卷须 3 ～ 5 裂（图 46.2，图 46.3）。

图 46.2　刺果瓜茎　　　　　图 46.3　刺果瓜茎须
　　（张国良　摄）　　　　　　　（刘丽　摄）

农业主要外来入侵植物图谱（第一辑）

叶 子叶与普通的黄瓜子叶很相像，厚而成椭圆形。叶互生，多毛，圆形或阔卵圆形，长和宽近等长，5～20 cm；具有3～5角或裂，裂片三角形；叶基深缺刻，叶缘具有锯齿，叶两面微糙；叶柄长，有时短，具有短柔毛（图46.4）。

图 46.4　刺果瓜叶（张国良　摄）

雌雄同株。雄花排列成总状花序或头状聚伞花序；花序梗长 10～20 cm，具有短柔毛；花托长 4～5 mm，具有柔毛；花萼 5，长约 1 mm，披针形至锥形；花冠直径 9～14 mm，白色至淡黄绿色，具有绿色脉，裂片 5，三角形至披针形，长 3～4 mm；雌花较小，聚成头状，无柄，10～15 朵，着生在 1～2 cm 长的花序梗顶端。花期 5—10 月（图 46.5）。

图 46.5　刺果瓜花（张国良　摄）

果 果实 3 ～ 20 个簇生，长卵圆形，长 10 ～ 15 mm，顶端尖，似小黄瓜，其上密布长刚毛，不开裂。内含种子 1 枚。果期 6—11 月（图 46.6）。

图 46.6　刺果瓜果（①张国良　摄，②③刘丽　摄）

种子 椭圆形或近圆形，扁平，长约 1 cm，宽约 9 mm，厚约 2.5 mm，灰褐色或灰黑色，光滑，无光泽（图 46.7）。

【主要危害】 入侵农田后，刺果瓜缠绕在农作物（例如玉米、大豆等）的茎秆

图 46.7　刺果瓜种子（刘莉　摄）

上，争夺阳光和养分，可造成减产，还可导致倒伏绝产。玉米田中，每 10 m² 有 15 ～ 20 棵刺果藤，玉米将减产 80%；当每 10 m² 有 28 ～ 50 棵刺果藤时，玉米减产可达 90% ～ 98%（图 46.8）。

图 46.8　刺果瓜入侵玉米地及地边树木（刘莉　摄）

刺果瓜入侵性强，生长速度极快，入侵后争夺草本植物和低矮灌木的生长地，而且能向上攀缘到树冠的顶端，可导致被覆盖的植物大片死亡（图46.9）。

图 46.9　刺果瓜危害生活区（张国良　摄）

47 水盾草

【学名】水盾草 *Cabomba caroliniana* A. Gray 隶属莼菜科 Cabombaceae 水盾草属 *Cabomba*。

图 47.1 水盾草植株（付卫东 摄）

【别名】绿菊花草。

【起源】原产于南美东部。

【分布】中国主要分布于江苏、上海、浙江、山东及北京。

【入侵时间】1993 年在浙江鄞县首次发现，1998 年在江苏吴县太湖乡采集到该物种标本。

【入侵生境】生长于河流、湖泊、运河、渠道中及沼泽等生境。

【形态特征】为多年生沉水植物（图 47.1）。

根 根系发达，细根多。

茎 为草绿色到橄榄绿，有时略带红棕色，茎长可达1.5 m，分枝，幼嫩部分有短柔毛，节上生根（图47.2）。

叶 沉水叶对生，叶柄长1～3 cm，叶片长2.5～3.8 cm，掌状分裂，裂片3～4次二叉分裂成线形小裂片；浮水叶少数，在花枝顶端互生，叶片盾状着生，狭椭圆形，长1～1.6 cm，宽1.5～2.5 mm，边全缘或基部二浅裂，叶柄长1～2.5 cm（图47.3）。

图47.2　水盾草茎（付卫东 摄）

图47.3　水盾草叶（付卫东 摄）

花 花单生枝上部沉水叶或浮水叶腋；花梗长1～1.5 cm，被短柔毛；萼片浅绿色，无毛，椭圆形，长7～8 mm，宽约3 mm；花瓣绿白色，与萼片近等大或稍大，基部具爪，近基部具1对黄色腺体；雄蕊6，

47 水盾草

离生，花丝长约 2 mm，花药长 1.5 mm，无毛；心皮 3，离生，雌蕊长 3.5 mm，被微柔毛，子房 1 室，通常具 3 胚珠。花期 10 月（图 47.4）。

图 47.4　水盾草花（付卫东 摄）

果　果实草质，不开裂，具 1～3 粒种子，种子无成熟的胚。

【主要危害】　在水盾草入侵地，局部水域已成为优势种，并有进一步扩散的趋势，可导致航道和灌溉渠道堵塞，影响入侵地的水生生态系统、渔业和旅游业发展。

48 阔叶丰花草

【学名】阔叶丰花草 *Spermacoce alata* Aubl. 隶属茜草科 Rubiaceae 纽扣草属 *Spermacoce*。

【别名】日本草、猪食草、四方骨草。

【起源】原产于南美洲。

【分布】中国分布于广东南部、海南、湖南、香港、台湾、福建南部及浙江南部。

【入侵时间】1937 年作为饲料引进广东等地，最早于1959 年在海南采集到该物种标本。

【入侵生境】耐贫瘠和酸性土壤，生长于海拔 1 000 m 以下废墟、荒地、沟渠边、山坡路旁或田园生境。

【形态特征】为披散、粗壮一年生草本植物（图 48.1）。

图 48.1　阔叶丰花草植株（付卫东　摄）

根 具主根（图 48.2）。

图 48.2　阔叶丰花草根（付卫东　摄）

茎 多呈匍匐状，全株被毛，淡绿色可分枝，其茎和枝均为明显的四棱柱形，棱上具狭翅（图 48.3）。

图 48.3　阔叶丰花草茎（付卫东　摄）

叶 叶单生或对生，椭圆形或卵状长圆形，长 2～2.7 cm，宽 1～4 cm，顶端锐尖或钝，基部阔楔形而下延，边缘波浪形，鲜时黄绿色，叶面平滑；侧脉每边 5～6 条，略明显；叶柄长 4～10 mm，扁平；托叶膜质，被粗毛，顶部有数条长于鞘的刺毛（图 48.4）。

图 48.4　阔叶丰花草叶（付卫东　摄）

48 阔叶丰花草

图48.5 阔叶丰花草果（付卫东 摄）

种子 种子1～2颗，近椭圆形，两端钝，长约2 mm，直径约1 mm，干后浅褐色或黑褐色，无光泽，有小颗粒（图48.6）。

图48.6 阔叶丰花草种子（付卫东 摄）

【主要危害】20世纪70年代常作为地被植物栽培，现在已成为华南地区常见杂草，入侵茶园、桑园、果园、橡胶园及花生、甘蔗、蔬菜等旱作物地，对花生的危害尤为严重。

49 落葵薯

【学名】 落葵薯 *Anredera cordifolia*（Ten.）隶属落葵科 Basellaceae 落葵薯属 *Anredera*。

【别名】 藤三七、藤子三七、川七、洋落葵。

【起源】 原产于巴西。

【分布】 中国主要分布于南方地区，如广西、广东、贵州、重庆、四川、云南、湖北、湖南及福建。1979 年，已有在北方地区室内栽培落葵薯的记录，1988 年有学者在吉林成功进行露地栽培。

【入侵时间】 1919 年在香港出现，最早于 2000 年在广东采集到该物种标本。

【入侵生境】 生长于旱地、荒地、沟谷边、自然草地、草坪、果园、森林及公路两旁等生境。

【形态特征】 多年生蔓生肉质缠绕藤本植物，一年的新梢可长达 4～5 m 或 4 m 以上（图 49.1）。

图 49.1 落葵薯植株（付卫东 摄）

农业主要外来入侵植物图谱（第一辑）

根 根状茎粗壮。地下部块根集中分布在根基部，有垂直向下的垂直根，有许多横走的水平根可延伸2～3 m。随着植株年龄的增加，水平根加粗加长，块根也加粗加长。

茎 茎横截面圆形，嫩茎绿色，草质；老熟茎变成棕褐色，木质化，表面有皮孔外突（图49.2）。

图 49.2 落葵薯茎（付卫东 摄）

叶 叶互生，肉质肥厚，叶片卵形至近圆形，基部圆形或心形，光滑无毛，具短柄，长 2～6 cm，宽 1.5～5.5 cm，顶端急尖，主脉在下面微凹，上面稍凸。叶腋着生瘤块状肉质珠芽，形状不一，具顶芽和侧芽，初呈绿色，后呈褐色（图 49.3，图 49.4）。

图 49.3 落葵薯叶（付卫东 摄）

图 49.4 落葵薯肉质珠芽（付卫东 摄）

花 总状花序具多花，花序轴纤细，下垂，长 7.25 cm；苞片狭，不超过花梗长度，宿存；花梗长 2.3 mm，花托顶端杯状，花常由此脱落；下面 1 对小苞片宿存，宽三角形，急尖，透明，上面 1 对小苞片淡绿色，比花被短，宽椭圆形至近圆形；花直径约 5 mm；花被片白色，渐变黑，开花时张开，卵形、长圆形至椭圆形，顶端钝圆，长约 3 mm，宽约 2 mm；雄蕊白色，花丝顶端在芽中反折，开花时伸出花外；花柱白色，分裂成 3 个柱头臂，每臂具 1 棍棒状或宽椭圆形柱头。花期 6—10 月。

果 果实和种子未见。

【主要危害】 落葵薯繁殖方式特殊，适应性强，长势迅猛，繁殖能力强，逸生后能够迅速扩展蔓延，并彼此交织铺展于地面或覆盖其他植物，形成密不透风的整体，影响其他植物的光合作用，形成单一优势种，从外来有用植物演变为杂草。另外，落葵薯含有化感物质，对其他植物生长产生抑制作用，从而为自身生长创造更好的条件，与本地植物竞争资源，造成生物多样性的丧失（图 49.5）。

图 49.5　落葵薯危害（付卫东 摄）

50 垂序商陆

【学名】垂序商陆 *Phytolacca Americana* L. 隶属商陆科 Phytolaccaceae 商陆属 *Phytolacca*。

【别名】美洲商陆、美国商陆、十蕊商陆。

【起源】原产于北美洲。

【分布】中国主要分布于河北、北京、天津、陕西、山西、山东、江苏、安徽、浙江、上海、江西、福建、台湾、河南、湖北、湖南、广东、广西、四川、重庆、云南及贵州等地。

【入侵时间】作为药用植物引入，1932年在山东采集到该物种标本。

【入侵生境】生长于疏林下、路旁、荒地、果园或菜地等生境。

【形态特征】多年生草本植物，高1～2 m，全株光滑无毛（图50.1）。

图 50.1　垂序商陆植株（付卫东 摄）

50 垂序商陆

根 肉质直根多分支，外皮淡黄色，有横长皮孔。

茎 茎直立，有时显蔓性。茎近肉质，圆柱形，带紫红色，棱角较为明显（图50.2）。

图 50.2　垂序商陆茎（付卫东　摄）

叶 无托叶，叶片长卵形披针形，长 9 ～ 18 cm，宽 5 ～ 10 cm，先端急尖，基部楔形，叶背面带紫色，羽状网脉，叶柄长 1 ～ 4 cm（图50.3）。

图 50.3　垂序商陆叶（付卫东　摄）

花 总状花序顶生或侧生，长 20～30 cm；小花 40～60 朵，花梗长 1～1.5 cm，粉红色，单被花，花被白色带红晕，雄蕊 10 枚，雌蕊 10 枚合生，绿色，柱头具短喙（图 50.4）。

图 50.4 垂序商陆花（付卫东 摄）

果 果序下垂，浆果黑色，干燥后扁球形，并分裂为多个果瓣，每瓣含 1 粒种子。

种子 扁球形，平滑，具光泽。

垂序商陆和商陆的形态特征比较表

名称	垂序商陆	商陆
叶	稍肉质	薄纸质
晶体	草酸钙针晶 96 μm，无方晶和簇晶	草酸钙针晶束长 40～72 μm，方晶或簇晶
花序	纤细，柔软，顶生或腋生，长于叶	粗壮，直立，顶生或与叶对生，短于叶
花被	白色，带红晕	白色、黄绿色
雌蕊	10 心皮合生	8～10 心皮，离生
果	浆果不离生，花柱宿存为线状	小浆果离生，花柱宿存为短喙
种子	扁球形，平滑，具光泽	具三棱

【主要危害】垂序商陆对环境要求不严格，生长迅速，在营养条件较好时，易形成单一优势群落，主茎能达到直径 3.33 cm，与其他植物竞争养料。垂序商陆的茎具有一定的蔓性，叶片宽阔，能覆盖其他植物，导致其他植物生长不良甚至死亡。垂序商陆具有较肥大的肉质直根，消耗土壤肥力，根及浆果对人类和牲畜有毒害作用。

农业主要外来入侵植物图谱（第一辑）